Jeu de Fils的
布料&刺繡

由刺繡家Jeu de Fils高橋亜紀監製的布料une idée de Jeu de Fils＝Jeu de Fils的巧思。
試著加入小物或刺繡作品當中，不經意地增添可愛感如何呢？

攝影＝回里純子　造型＝西森 萌

A

B

C

D

No.01 ITEM│摺疊袋
作 法│**P.64**

在單層縫製的托特包上，以輪廓繡繡上了各自的訊
息。是摺疊後可收入內口袋，變得小巧的托特包。

A・表布＝平織布～une idée de Jeu de Fils（16-0182・A）
B・表布＝平織布～une idée de Jeu de Fils（16-0182・D）
C・表布＝平織布～une idée de Jeu de Fils（16-0182・C）
D・表布＝平織布～une idée de Jeu de Fils（16-0182・B）
／textile pantry（JM planning株式會社）

Jeu de Fils

刺繡家・高橋亜紀。自幼便對刺繡產生興趣，居住
在法國期間，一邊與各地手藝家交流，同時也開始
蒐集古老刺繡、布料以及資料。目前除了在工作室
與文化中心舉辦講座，也持續發表作品。

@jeudefils │ http://www.jeudefils.
com/

No.02

ITEM | 小熊與氣球刺繡圖案
作法 | **P.66**

小熊使用咖啡色的Daruma家庭細線，以單色簡單描繪。氣球則使用了喜愛的古董印花布進行貼布繡。無論是貼在迷你櫥櫃的門扉上，或直接縫製成迷你包包都很不錯。

黏貼在櫥櫃壁面的布料＝平織布～ une idée de Jeu de Fils（16-0180・A）／textile pantry（JM planning株式會社）

使用小熊印花布，
製作迷你櫥櫃專用的法式布抽屜。
迷你記事本也是手工製作。

形狀宛如鉛筆盒，相當時尚的法式布盒。打
開盒子，一整面貼滿了小鹿斑比的圖案，可
愛得沒話說！最適合用來裝入文具或裁縫用
具等零散的物品。

黏貼於盒子內側的布料＝平織布～une idée de
Jeu de Fils（16-0181・C）／textile pantry（JM
planning株式會社）

No.**05** ITEM |眼鏡袋
作法 | **P.68**

可迅速取出的迷你布包式便利眼鏡袋。裡布使用小熊印花布，加上絨毛感的羊毛布貼布繡小熊，非常可愛！

裡布＝平織布～une idée de Jeu de Fils（16-0180・A）／textile pantry（JM planning株式會社）

No.**04** ITEM |迷你束口袋
作法 | **P.67**

一片零碼布即可製作的迷你束口袋，用來收納鑰匙、藥品及喉糖等小物非常方便。並以喜愛的印花布進行貼布繡加以裝飾。

表布＝平織布～ une idée de Jeu de Fils（16-0180・A）／textile pantry（JM planning株式會社）

高橋亜紀專訪！
une id e de Jeu de Fils Print Story

花朵圖案 （16-0182）

是從廠商樣品冊的花朵圖案加以變化而來，為了也能夠作為繡布使用，底紋的花朵圖案也是精心配色設計。我非常中意！

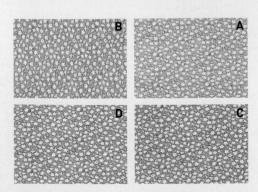

小鹿斑比 （16-0181）

仿製於我珍藏的舊零碼布。印花非常可愛，因此稍微節制色調，希望製作成表布或裡布皆能使用的布料。

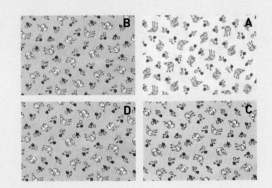

小熊 （16-0180）

在製作小熊刺繡圖案時，心想要是把牠們變成迷你花紋應該很有趣，這便是契機。而以作為好搭配的裡布為設計定位，此款使用較少的色彩製作。

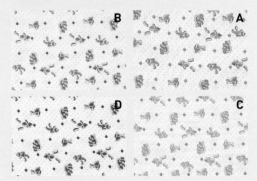

洽詢 textile pantry（JM planning株式會社） https://www.textile-pantry.jp/

Winter Edition
2023-2024 vol.63

CONTENTS

封面攝影　回里純子
藝術指導　みうらしゅう子

以手作度過冬日蟄居，等待春季的時光

作品 INDEX

BAG

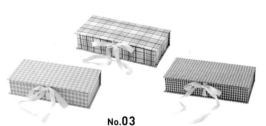

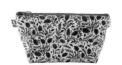

No.30
P.47 附提把眼鏡袋
作法｜P.77

No.29
P.46 縫紉波奇包
作法｜P.88

No.22
P.36 扁平波奇包S・M
作法｜P.80

No.15
P.22 收納布盒
作法｜P.75

No.34
P.49 鑰匙包
作法｜P.90

No.33
P.49 迷你捲筒塑膠袋收納包
作法｜P.83

No.32
P.48 零錢包
作法｜P.79

No.31
P.47 掀蓋筆袋
作法｜P.89

No.11
P.20 室內鞋
作法｜P.73

No.02
P.04 小熊與氣球刺繡圖案
作法｜P.66

ZAKKA&ETC...

No.39
P.53 兔子雛人偶束口包
作法｜P.96

No.38
P.52 洋牡丹刺繡袱紗
作法｜P.94

No.21
P.36 鑰匙掛繩
作法｜P.80

No.18
P.32 刺子繡～福笹
作法｜P.32

No.17
P.28 紫羅蘭耳環
作法｜P.28

No.12
P.21 脖圍
作法｜P.74

No.37
P.51 目出鯛擺飾
作法｜P.92

No.36
P.51 風箏掛飾
作法｜P.90

No.35
P.50 Biscornu 針插(S・M)
作法｜P.93

\YES! We are COTTON FRIEND!!/

川島　浅沼　渡辺　根本　中島

絕佳的
使用推薦！

我們的
裁縫用品
2023最終版

本次要介紹的，是日本「Cotton Friend編輯部」工作人員及人氣作家覺得「真好用」的推薦裁縫用品，提供大家作為選擇工具時的參考。

桌上型穿線器「Quick」 1

「眼睛老花之後，就沒有比穿線更辛苦的事了……自從找到這款只要按一下就能把線穿過縫針的桌上型穿線器，無論手縫或縫釦子都不再麻煩！」（編輯部・根本）

新款只要把線穿入針孔後，就能立刻開始進行縫製工作。

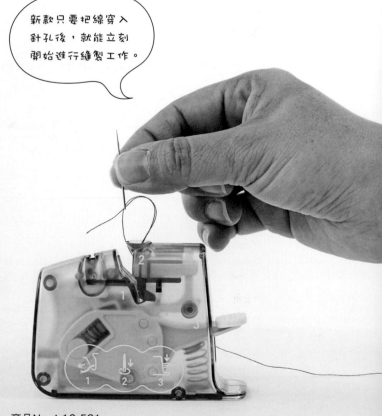

商品No.：10-521
图 Clover株式會社

---

2 梭子先生

「雖然是因為小人的形狀很可愛才購買，不過由於上下線可以成套收納，現在就不用再苦尋不著用到一半的梭子。將線頭夾在頭部的細縫中，還可防止線條分岔。」（編輯部・渡辺）

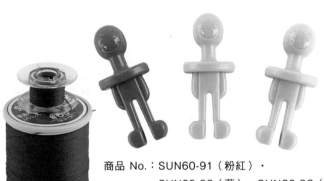

商品 No.：SUN60-91（粉紅）・
　　　　　 SUN60-92（藍）・SUN60-93（黃）
图 清原株式會社

---

3 VCT ～Vario Creative Tool

本期P.36也有介紹！

「在安裝鉚釘、雞眼釦或四合釦時，很在意敲打工具時發出的巨大聲量，但這款VCT不會產生噪音，因此製作時可以不用在乎時間。不會失敗且方便攜帶，這些都是我喜歡的地方。」（編輯部・渡辺）

商品 No.：3390903
图 株式會社Misasa
／Prym Consumer Japan

5 schappe spun 色票本

「之前都是拿著布料到手藝行,與色票本比對選擇線材。自從手上有了色票本,就能在網路上購買,變得很省事。」(編輯部·川島)

用線色彩的選擇方式

深色布料	選擇略深於布料色彩的同色系線。
淺色布料	選擇略淺於布料色彩的同色系線。
印花布料	比對布料底色,或從圖案中選擇較明顯的1色。

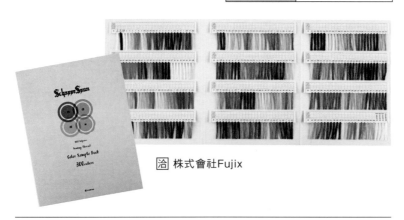

圖 株式會社Fujix

「眼鏡式的放大鏡。可以直接戴在老花眼鏡或近視眼鏡上,不用時還能直接掀起鏡片喔!可空出雙手,對於在製作時看清細節非常有幫助。拆釦眼 & 看車針號碼時真的很方便。也推薦給喜愛編織或刺繡,這類精密工藝的手作人。」(裁縫設計師·Kurai Muki)

有1.6倍及2.0倍的鏡片可作替換,相當便利!(Kurai Muki)

商品 No.:57-335
圖 Clover株式會社

6 6 Clover 手藝放大鏡 1.6倍 & 2.0倍

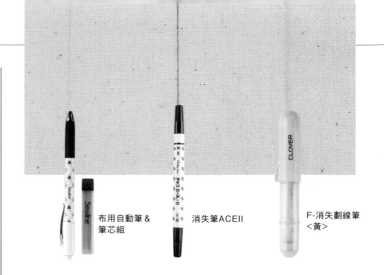

布用自動筆 & 筆芯組　　消失筆ACEII　　F-消失劃線筆<黃>

筆芯共有5色,可按照布料選用。

布用自動筆

「重點在於是自動筆款式,所以可以一直畫出細線。筆芯不易斷,畫出的線條可用附件的橡皮擦或清水消除。」(編輯部·淺沼)

ペン先

商品 No.:白色芯FAB50037/黑色芯FAB50038/綠色芯FAB50039/桃色芯FAB50041/藍色芯FAB50064
圖 株式會社Westek(Sewline)

1支當中包含了粗(畫線)和細(圓點記號),自上市以來一直是暢銷品。

消失筆ACEII<紫>

「自從聽廠商說,粗的用來畫線、細的用來作圓點記號之後,就一直按照功能分開使用。是可以隨意放著等筆跡自然不見,想要立即消去時也可以用水清除的優異產品。」(編輯部·中島)

細(圓點記號)　粗(畫線)
商品 No.:A-1
圖 ADGER工業株式會社

F-消失劃線筆<黃>

「筆尖會像點線器般地回轉,無論直線或曲線都能輕鬆描繪。粉土可補充,無需用完就丟棄這點也非常棒。」(編輯部·渡辺)

筆尖

商品 No.:24-035
圖 Clover株式會社

4 消失筆BEST3

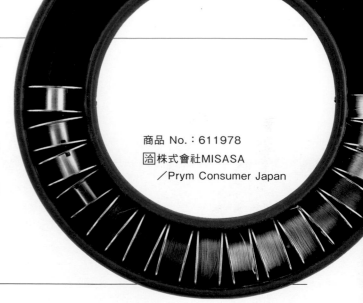

7 梭子收納環

「在橡膠類彈性材質製作的圓環中，收納梭子的工具。可收納20個左右的梭子。由於能夠直接掛在掛勾上，因此混亂的縫紉機四周，有了這個就會清爽許多。」（編輯部・中島）

商品 No.：611978
囫株式會社MISASA
／Prym Consumer Japan

本誌P.22中也有介紹！

9 OdiCoat
オディコート

商品 No.：OD-150
囫株式會社ornement

「竟然可以自己作防水布！？」雖然一開始半信半疑，但真的輕鬆地作出了彷彿市售品般的防水布。OdiCoat的優點，在於可透過凝膠疊塗的次數來改變防水布的強度。「只塗一次似乎太軟」──如果這樣想就塗兩次！可以自由調整是重點。（編輯部・川島）

完成後塗上OdiCoat的法式布置物盤。

完成的嬰兒圍兜，僅在外側塗上OdiCoat，提昇防潑水性。

為了防止凝結的水珠，在水瓶套內側塗上了OdiCoat。

---

8 螺絲式系列

「通常給人插入式或縫合式印象的磁釦。常會發生縫合痕跡外露或五金歪掉的狀況，但自從發現這款螺絲式的品項後，就完全倒戈到這邊。可以安裝得漂亮又正確喔！螺絲式的鉚釘也很推薦，無需工具因此可簡單安裝。」（編輯部・根本）

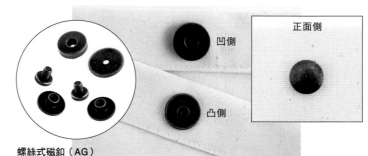

凹側

凸側

正面側

螺絲式磁釦（AG）
商品 No.：M75-AG-1P
尺寸（約）：磁釦部分直徑19mm・厚度5mm・螺絲部分10mm（軸徑3mm）
材質：黃銅／磁石
※有古董金・銀色2色可選。

螺絲式鉚釘用墊片
※建議使用於以薄布製作時。
商品 No.：SGM-PK0940-3
（8mm用・12片組）
SGM-PK1053-3
（6mm用・12片組）

LGK2螺絲式鉚釘6mm 4入組
商品 No.：LGK2-AG
尺寸（約）：頭直徑6mm・足長4mm・軸徑3.3mm

LGK3螺絲式鉚釘8mm 4入組
商品 No.：LGK3-AG
尺寸（約）：頭直徑8mm・足長4mm・軸徑4mm

LGK10螺絲式鉚釘（長足款）8mm 4入組
商品 No.：LGK10-AG
尺寸（約）：頭直徑8mm・足長6mm・軸徑4mm

囫 日本紐釦貿易株式會社

正面側　　　背面側

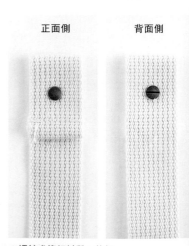

※螺絲式鉚釘材質：黃銅。
※有古董金・銀色・金色3色可選。

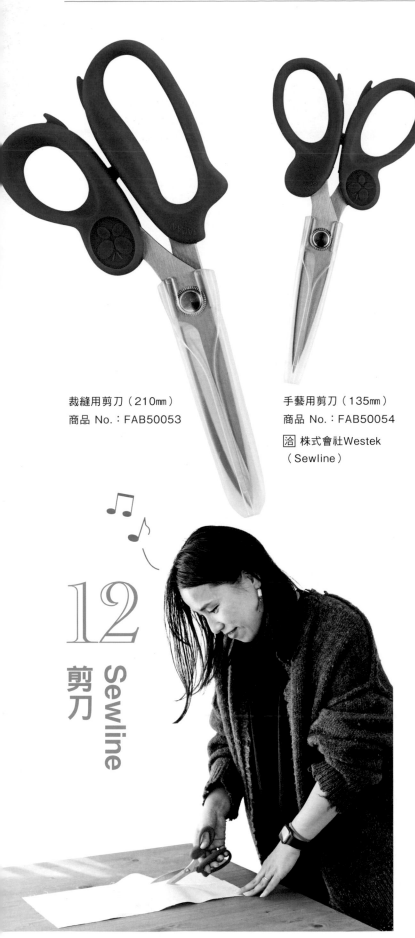

裁縫用剪刀（210mm）
商品 No.：FAB50053

手藝用剪刀（135mm）
商品 No.：FAB50054

图 株式會社Westek
（Sewline）

12
剪刀 Sewline

「常備於編輯部，基乎每天都會使用；但多年下來，裁切效果也完全不減。由於前端尖銳，剪小東西時也能漂亮地裁切。握感舒適，所以長時間作業也不會疲累。」（編輯部・川島）

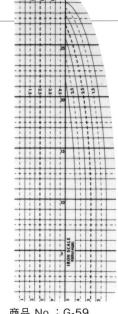

10
縫份熨斗定規尺・大

「熨燙摺疊縫份時使用。為正確摺疊縫份，選用了比傳統縫份熨斗定規尺更薄的材質來製作的Kurai Muki獨家縫份熨斗定規尺。由於是蒸汽能夠穿透的材質，因此還可以當成墊布使用。」（縫紉設計師・Kurai Muki）

商品 No.：G-59
图 Kurai Muki株式會社

編輯部現在也很愛用！

11
滾輪骨筆

「縫製帆布作品時，常用於攤開縫份或壓出褶痕。連熨燙縫份都覺得麻煩的炎熱夏季縫紉場合，也非常好用。特別是在製作不耐熱，無法熨燙的疊緣作品，滾輪骨筆是必備工具。」（布包設計師・赤峰清香）

商品 No.：57-655
图 Clover株式會社

只需轉動就能作出清晰的摺線！

14 輪刀 45&28

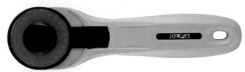

輪刀45
商品 No.：234B

輪刀28
商品 No.：233B

圓刀片 45mm 替刃
1片組
商品 No.：RB45-1

圓刀片 28mm 替刃
2片組
商品 No.：RB28-2

⌘ OLFA株式會社

「平常是使用操作較靈活的28，在裁切厚布或鋪棉時則用45，會依情況選擇使用。切口不會凹凸不平，無論重疊幾塊布料進行裁切，也不會影響裁切效果。握持時很合手，這點也很棒。」（編輯部・浅沼）

15 拆線型線剪

「這款是有拆線器的線剪。能應付修剪線頭及拆線兩種情況。開鈕眼時，也因為有剪刀功能，能夠精準地剪到最邊緣，所以我非常中意。剪刀的尖端作成圓頭，不易損傷布料也讓人很放心。」（縫紉設計師・Kurai Muki）

商品 No.：G-90
⌘ Kurai Muki株式會社

60cm在畫斜布紋時非常好用。

13 60cm・30cm 裁布用方格尺

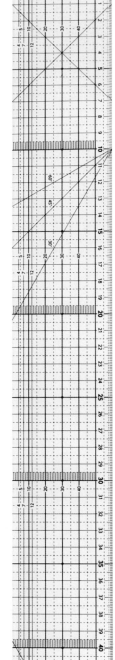

「整把尺進行了霧面加工，讓我覺得放在任何布料上，刻度相對來說都較容易辨識。因為有厚度，所以從沒有刻度的一側使用輪刀，刀刃也幾乎不曾跑到尺的上方。」
（編輯部・浅沼）

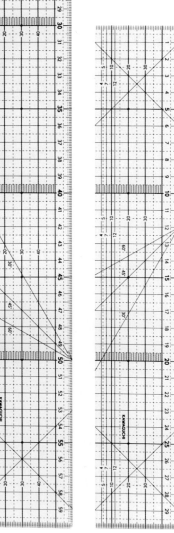

商品
No.：05-507（60cm）
　　　05-506（30cm）
⌘ 株式會社KAWAGUCHI

16 棉厚織79號（富士金梅®）

「只要說到背包或波奇包的裡布，非這款莫屬！因為看到赤峰清香及冨山朋子等人氣作家都在用，所以也跟著使用。布紋整齊，因此容易裁剪，且具有適中的挺度與厚度，我覺得非常好用。」（編輯部·根本）

🔍 CF市集

---

18 ARS nouveau 長柄剪刀

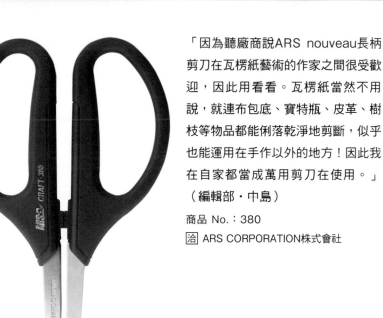

「因為聽廠商說ARS nouveau長柄剪刀在瓦楞紙藝術的作家之間很受歡迎，因此用看看。瓦楞紙當然不用說，就連布包底、寶特瓶、皮革、樹枝等物品都能俐落乾淨地剪斷，似乎也能運用在手作以外的地方！因此我在自家都當成萬用剪刀在使用。」（編輯部·中島）

商品 No.：380

🔍 ARS CORPORATION株式會社

---

17 布包專用接著襯 軟式 <SWANY獨創>

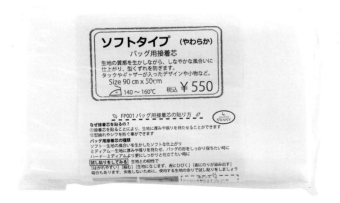

「之前，在進行使用比較各家接著襯的體驗企劃時，幾乎所有使用者都表示『非常好用』的就是這款接著襯。Cotton Friend收錄的SWANY作品也是使用它。不影響布料質感，也不會太硬，但卻能作出筆挺的效果，是我覺得很棒的地方。」（編輯部·渡辺）

商品 No.：VVV-S

🔍 鎌倉SWANY

矚目素材的手作提案

集合了社群網路話題的素材及適合冬天的布料，使用方式＆縫法重點也會一併介紹。

攝影＝回里純子・腰塚良・藤田律子　造型＝西森 萌 妝髮＝タニジュンコ　模特兒＝芽生

No.06 ITEM｜雙面提籃包
作　法｜P.67

將剪成約50cm正方形的NUBI，摺疊四角＆縫合成立體提籃。由於雙面皆有圖案，因此無需接縫裡布，也能以滾邊形式簡單地完成。是雙面皆可使用的NUBI專屬設計。

表布＝NUBI（Graceful flower 14mm間隔）
滾邊斜布條＝亞麻混紡（11苔黃・12mm寬）／
（株）decollections

No.06-09・11 創作者

縫紉作家・加藤容子
@yokokatope

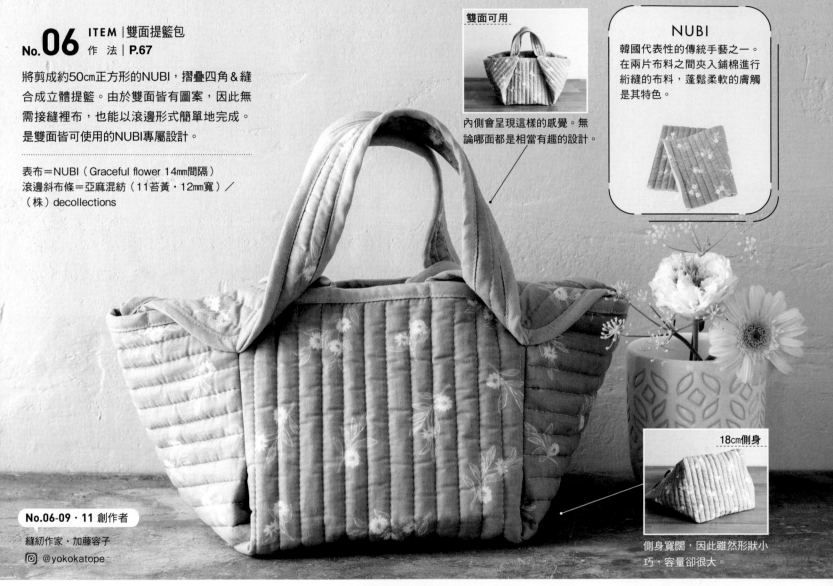

雙面可用

內側會呈現這樣的感覺。無論哪面都是相當有趣的設計。

NUBI
韓國代表性的傳統手藝之一。在兩片布料之間夾入鋪棉進行絎縫的布料，蓬鬆柔軟的膚觸是其特色。

18cm側身

側身寬闊，因此雖然形狀小巧，容量卻很大。

POINT

車縫針 11號（布料重疊處為14號）　車縫線 60號　熨燙 輕輕熨壓以免內部棉花壓扁。　接著襯 由於無接縫裡布，因此不需黏貼。

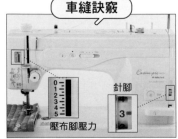

車縫訣竅

將車縫的針腳加大，壓布腳壓力稍微調弱。由於車縫時容易變形，所以用稍微塞入縫紉機的方式進行車縫。

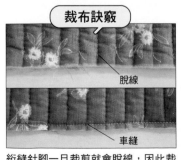

裁布訣竅

脫線

車縫

絎縫針腳一旦裁剪就會脫線，因此裁剪之後立即進行防脫線車縫，或事先以長針腳車縫。

滾邊斜布條

布端以滾邊斜布條包捲處理，就能作出漂亮的成品。

特色

由於是雙面款式，因此無需裡布。若重疊布料就會太硬，車針不易穿過，因此建議用於簡潔的設計。

16

No.07

ITEM｜爆米花祖母包
作 法｜**P.69**

No.08

ITEM｜爆米花束口波奇包
作 法｜**P.71**

以今年流行的EMBO WAFFLE製作了帶圓潤感的祖母包，還有口布剪接的束口波奇包。雖然是具有彈性的材質，但如果加縫裡布，成品就不會變形。第一次使用此布料時，推薦從僅以直線車縫就能夠完成的束口包入手。

EMBO WAFFLE KNIT

經浮凸加工，呈現如爆米花般的顆粒感，很受歡迎的針織布。柔軟具有伸縮性的布料，從小物到服飾皆能廣泛運用。

No.07．08 創作者

針黽的在家時間
▶@harimogu

POINT

車縫針 11號　車縫線 60號　熨燙 因為會破壞顆粒，所以不可熨燙。　接著襯 會讓凹凸的質感消失，所以不使用。

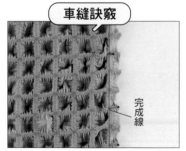

車縫訣竅

完成線

要縫合兩片WAFFLE KNIT時，將橫格紋對齊＆以珠針固定。珠針要刺入完成線上的布料凹槽處。

裁布訣竅

完成線

直線的部分，請將完成線條配置在凹槽處，進行裁剪。曲線部分，則是車縫之後再進行裁剪。

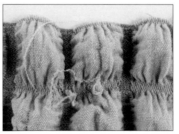

因為材質很脆弱，一旦拆線，就會留下針孔或脫線，因此要避免重複車縫。

特色

由於是彈性很大的材質，因此無論是裁剪或車縫都需要技巧。為了維持形狀，請接縫裡布。

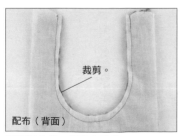

裁剪。

配布（背面）

車縫好之後，依配布裁剪WAFFLE KNIT。

WAFFLE KNIT（正面）

配布（背面）

曲線部分，是重疊上裁剪好的配布＆以珠針固定，看著配布側進行車縫。

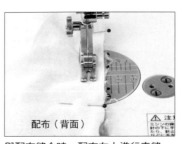

配布（背面）

與配布縫合時，配布在上進行車縫。

WAFFLE KNIT（正面）

配布（背面）

與配布縫合時，珠針也是刺在布料凹槽位置。若車縫時稍微將WAFFLE KNIT露出於配布外，就能夠不鬆弛地漂亮縫製。

容易搭配的銀色，可作為
穿搭的重點。

SHINY FAKE LEATHER
略帶光澤的合成皮，柔軟的質
感與好用的薄度，是推薦作為
「今後必用皮布」的材質。

有拉鍊
由於有拉鍊口袋，因此鑰匙
等重要物品不會丟失，讓人
放心！

No.09 ITEM｜斜背長夾
作 法｜P.70

可將現金、貴重物品、手機，小巧彙整隨身
攜帶的斜背長夾。想要騰出雙手外出時，當
成備用包也相當好用。

表布＝合成皮（SHINY FAKE LEATHER・銀）／
NESSHOME

豐富的卡片收納層

即使不帶錢出門，還是需要
卡片……最適合無現金時代
的今日！

POINT

車縫針 11號　　車縫線 60號　　熨燙 由於多為不耐熱材質，因此基本上不可熨燙。為避免產生褶痕，請捲起收納。

接著襯 由於無法熨燙，若想加襯，請使用自黏式等無需加熱黏貼的款式。

| | 車縫訣竅 | 裁布訣竅 | 特色 |

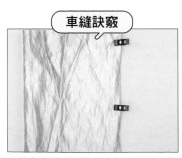

輪刀
布鎮

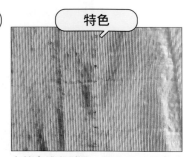

車縫過程中難以滑動前進時，就將縫紉
機壓布腳換成鐵弗龍壓布腳吧！

以強力夾固定，進行車縫。由於可能
會殘留夾痕，因此請勿長時間夾著放
置。

使用布鎮等重物固定紙型，以輪刀裁
切。

由於會殘留針孔，因此不可使用珠
針。適合以針腳固定褶線這類無需熨
燙即可完成的設計。

ALPACA BOA（羊駝絨）

是指會讓人聯想到動物毛的蓬鬆布料。其他還有 SHEEP BOA（綿羊絨）或 POODLE BOA（貴賓犬絨）等，依絨毛長短及軟硬而有各種名稱。

滾邊斜布條

以黑色皮革提把＆滾邊斜布條收斂整體，完成優雅又正統的成品。

No. **10** ITEM｜毛絨滾邊氣球包
作 法｜**P.72**

結合絨布的蓬鬆感與素雅的皮革調提把，作出異材質混搭風的布包。較寬的側身可裝入較多物品。絨布相當柔軟，因此使用厚裡布讓形狀更挺直。

表布＝絨布（ALPACA BOA・白）/YUZAWAYA
提把＝合成皮手提式提把手（YAS4521#11・黑）／植村株式會社

寬廣的側身

由於側身寬達15cm，因此容量比看起來還大。

No.10 創作者

創作家／Kurai Miyoha
@kurai_muki

容易黯淡的冬季裝扮，以白色點亮，立刻美麗變身。

KALGAN LAMB FUR

以羔羊風的特殊捲毛為特色的皮草布，絲滑柔軟帶著光澤，給人高雅的感覺。

以絨布帶來溫暖

內部使用了絨布，是怕冷者的專屬選品。

有止滑墊

使用了聚酯纖維製的止滑用布料。

No. **11** ITEM｜室內鞋
作 法｜P.73

作一雙捲捲質感的可愛室內鞋吧！高鞋口款式，連腳踝也能保暖。由於是前開式，因此穿脫也很容易。底部使用了防滑布料，不會滑倒讓人更放心。

表布＝皮草（KALGAN LAMB FUR・淺藍色）
裡布＝絨布（ALPACA BOA・米色）／YUZAWAYA
底布＝聚酯纖維（基本防滑・淺米色）／NESSHOME

盡情使用了70×80㎝的皮草零碼布，製作成最適合今年冬季的脖圍。要不要來作兩三下就能完成的簡易款式溫暖小物呢？

表布＝皮草（KALGAN LAMB FUR・米色）／
YUZAWAYA

POINT

車縫針 11號　車縫線 60號　熨燙 調至低溫，避免壓扁絨毛，輕輕地熨燙。

接著襯 由於無法使用高溫熨燙，若想加襯，請使用無需加熱的自黏襯等類型黏貼。

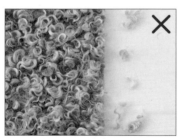

若連同絨毛一起裁剪，就會剪去需要的絨毛，還會產生碎屑。

只剪底布的狀況，能完好地保留表面絨毛。

裁布訣竅

底布

在背面側以消失筆等工具畫出裁切線，一片一片分開裁布。裁布時，僅裁剪底布的布料，勿裁剪到表面的絨毛。

特色

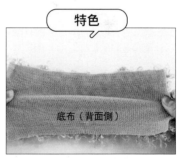

底布（背面側）

底布（背面側）為針織材質，容易變形且手感不佳，因此請接縫裡布。

車縫完畢後，以錐子拉出車入的絨毛加以整理。

絨毛推入內側。

由於車縫時容易位移，因此需確認布端是否對齊，以錐子等工具一邊將絨毛推往內側，一邊用較大的針腳慢慢地車縫。

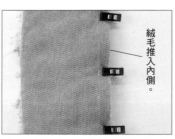

絨毛推入內側。

將絨毛推入內側，以強力夾固定。珠針可能會被絨毛遮住而忘記拔起，因此勿使用。

車縫訣竅

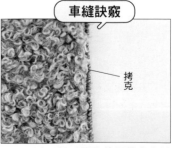

拷克

布端辨識不易，因此使用拷克車縫（不用裁刀，將絨毛推入內側進行車縫），或以消失筆在背面側畫出完成線。

在布料上塗抹後靜置乾燥，就能自製防水＆防潑水布料。來自法國的防水凝膠OdiCoat終於在日本上市了！製作防水布作品，更加輕鬆了！

塗抹→乾燥，就能作出防水布！

要用OdiCoat作什麼？

No.13 ITEM｜傘袋 作法｜**P.75**

No.14 ITEM｜附側身波奇包 作法｜**P.74**

No.15 ITEM｜收納布盒 作法｜**P.75**

在平織印花布上塗抹3層OdiCoat，以喜歡的防水布縫製的小物們。雖然全部都是無內裡的單層製作，但藉由塗上3層的OdiCoat，可享受到防潑水效果與絕佳的挺度。

以塗抹3層OdiCoat的平織布，製作單層波奇包！

將塗抹3層OdiCoat的布面作為內側，提昇防水效果！

No.14

No.15

No.13

以塗抹3層OdiCoat的布料，製作出有挺度的收納籃。

※P.44有連載單元喔！

用法重點！

能在喜歡的布料上，僅於需要的位置進行防水加工，非常便利。可透過疊塗調整防水強度，因此也很建議可依據塗1層、2層或3層的作品，分配用途。

布包作家・冨山朋子
@popozakka

OdiCoat的用法

1
直接在布料上塗抹OdiCoat。將附件卡片當成刮板使用，就能均勻地整面塗抹。

2
自然乾燥之後，放上烘焙紙，以熨斗（中溫・乾燥）整面熨燙。

3
塗抹3層時，需待熨燙的溫度下降後，以附件卡片再疊塗上OdiCoat。

4
也可以在已完成的作品上塗抹OdiCoat。塗在希望進行防潑水加工的位置，或依用途選擇適合的方式使用。

OdiCoat

商品No.：OD-150 OdiCoat
容物：防水凝膠150ml

<150ml可塗佈的布料份量基準>

塗1層	約1.8㎡（100cm×180cm）
塗2層	約1.2㎡（100cm×120cm）
塗3層	約1.0㎡（100cm×100cm）

洽詢 株式會社ORNEMENT
http://www.ornement.co.jp/ ｜ @ornement_sozaiyasan

防水包的完美守則：
免手縫、免燙襯、耐髒汙、兩大張原寸紙型，
獨立不重疊！

★ 1000⁺ 作法照片超詳解步驟教學
★ 特別附錄《製包基礎別冊》
  口袋、提把、拉鍊、出芽、返口完美隱藏、五金配件製作應用全圖解

本書附有兩大張原寸紙型，紙型不重疊，您可更加輕鬆取得包包的版型，特別附錄〈製包基礎別冊〉，
製包時，搭配別冊內豐富的教學內容：
各式拉鍊口袋、開放式口袋、拉鍊口布、提把、斜背帶製作、出芽、五金配件運用，
並且收錄作者在創作包包時的製包小祕密，讓您製作防水包時，更加得心應手！學到更多！

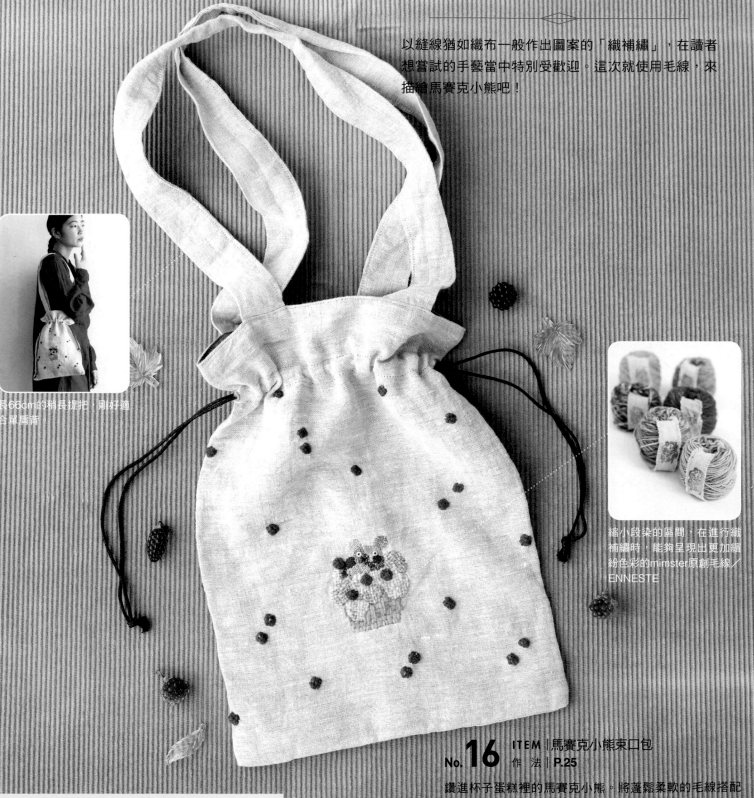

以織補繡描繪
馬賽克小熊

以縫線猶如織布一般作出圖案的「織補繡」，在讀者想嘗試的手藝當中特別受歡迎。這次就使用毛線，來描繪馬賽克小熊吧！

長66cm的稍長提把，剛好適合單肩背

縮小段染的區間，在進行織補繡時，能夠呈現出更加繽紛色彩的mimster原創毛線／ENNESTE

No. 16　ITEM｜馬賽克小熊束口包
作 法｜P.25

鑽進杯子蛋糕裡的馬賽克小熊。將蓬鬆柔軟的毛線搭配組合，製作成色彩繽紛的織補繡。從杯子蛋糕上掉落的藍莓，散佈於四周形成圓點風格。束口包的款式，是外出時的隨行好夥伴。

ミムラトモミ
@mimstermade

以獨創技法「馬賽克織補繡」製作的作品大受歡迎。《小さなダーニング刺（暫譯：小小織補繡）》誠文堂新光社，好評熱賣中。

24

No.16 馬賽克小熊束口包的作法

完成尺寸

寬25cm×高34cm

（提把66cm）

原寸刺繡圖案

於P.97或下載

下載方法參照P.60

材料

表布（亞麻）80cm×60cm

裡布（亞麻）60cm×40cm

繡線（mimisteryarn・毛線・蕾絲線）適量

※種類・顏色參照P.97

圓繩 粗3mm 160cm

丸小串珠 27個

不織布（白色）5cm×5cm

工具

①線剪　②皮革針

③刺繡框

織補繡基礎

每次挑1條線的繡法

1.繡基準十字

2

將緯線以1相同方式刺繡，形成十字。

1

線打結，從圖案十字記號的正上方出針（①出），正下方入針（②入）。

十＝中心十字

是將每一條經線、緯線交叉的刺繡方式。

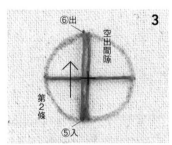

4

繡直向第3條。以3的相同方式繡第1條右側。

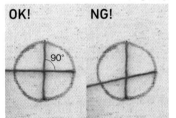

3

繡直向第2條。與鄰線間隔1條寬的間距進行刺繡。只要隔出間距，完成時的針目就會漂亮地對齊。

Point!

OK!　NG!

將線繡成十字時，在中心讓線呈垂直交錯，作出的效果就會很漂亮。

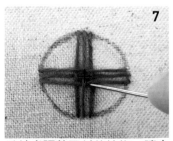

7

以針尖調整歪斜的線條，讓十字呈垂直交叉。

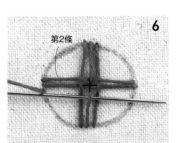

6

繡橫向第3條。以5的相同方式將緯線以上→下→上的方式穿過經線。

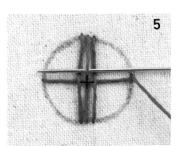

5

繡橫向第2條。將緯線以上→下→上的方式穿過3條經線。

2.填滿圖案

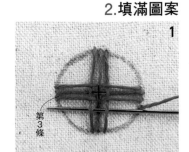

 **3**	 **2**	 **1** 第3條
以2的相同方式，與鄰線交錯地進行挑線，繡右側的經線。左側的經線也以相同方式刺繡。	與鄰線呈交錯的方式挑線，繡下半部的緯線。	作好基準十字之後，就來填滿圖案。與橫向第3條相反，以下→上→下的順序穿入。如圖所示與鄰線交錯進行刺繡。

	完成	
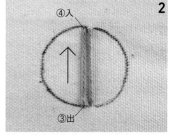 （背面）	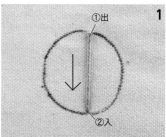 （正面）**5**	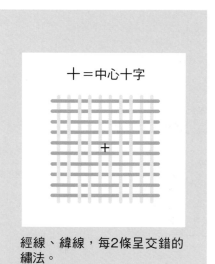 **4**
繡完後，從背面側打結＆剪斷線。	圖案全部填滿就完成了！	剩餘的上半部也以相同方式刺繡。因一口氣挑線有困難，建議分兩次會比較容易進行。

每次挑2條線的繡法

※此作品用於提籃的處理。

1.繡基準十字

十＝中心十字

+

經線、緯線，每2條呈交錯的繡法。

 ④入 ③出 **2**	①出 ②入 **1**	
以1的相同方式，繡直向第2條線。	與每次挑1條線的繡法相同，打結起繡。從圖案的十字記號正上方出針，正下方入針。	

	完成	
 （正面）	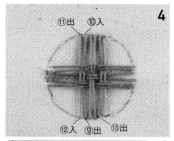 ⑪出 ⑩入 ⑫入 ⑨出 ⑬出 **4**	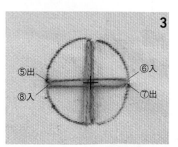 ⑤出 ⑥入 ⑧入 ⑦出 **3**
參照每次挑1條線的繡法2.①至④，改為每次挑2條線進行刺繡，填滿圖案。	參照每次挑1條線的繡法1.③至⑧，改為每次挑2條線進行刺繡，填滿圖案。	以相同方式，繡2條緯線形成十字。

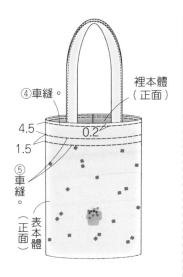

④車縫。
裡本體（正面）
4.5
0.2
1.5
⑤車縫。
表本體（正面）

5. 穿繩

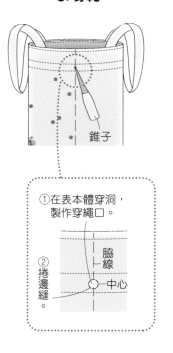

錐子

①在表本體穿洞，製作穿繩口。
②捲邊縫。
脇線
中心

※另一側也以相同方式製作。

穿繩方式

③穿入束繩（80cm・2條）。
④末端打結。

表本體（背面）
③燙開縫份，重新摺疊使縫線位於中心。
0.5
④車縫。

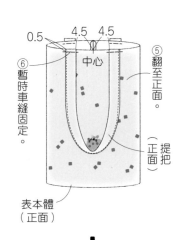

0.5　4.5　4.5
中心
⑥暫時車縫固定。
⑤翻至正面。
提把（正面）
表本體（正面）

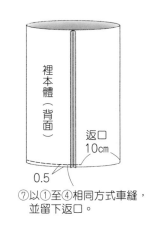

裡本體（背面）
返口10cm
0.5
⑦以①至④相同方式車縫，並留下返口。

4. 套疊表本體＆裡本體

表本體（背面）
②車縫。
0.5
①將表本體置入裡本體中。
裡本體（背面）
③翻至正面，車縫返口。

裁布圖

※標示尺寸已含縫份。

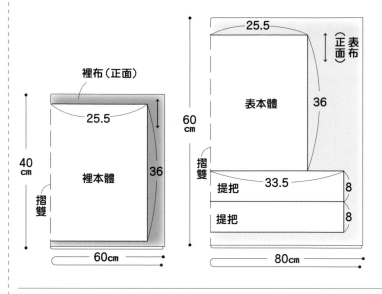

25.5
裡布（正面）
25.5
表布（正面）
60cm
40cm
裡本體　36
表本體　36
摺雙
提把　33.5　8
提把　8
60cm
80cm

1. 刺繡

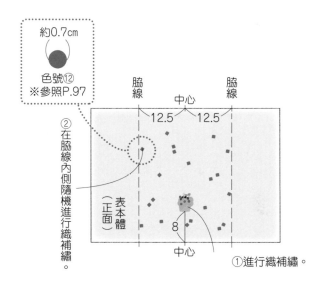

約0.7cm
色號⑫ ※參照P.97
脇線　中心　脇線
12.5　12.5
②在脇線內側隨機進行織補繡。
表本體（正面）
8
中心
①進行織補繡。

2. 製作提把

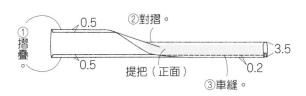

①摺疊
0.5
②對摺。
提把（正面）
3.5
0.5
③車縫。
0.2

※另一條也以相同方式製作。

3. 製作表本體＆裡本體

②車縫。
0.5
表本體（背面）
①對摺

將圓形摺製作的小花瓣重疊葺花，製作出紫羅蘭的造型。完成即使只有一朵，也能為臉部周圍增添華麗感的耳環。

若將紫羅蘭配置於環狀底座上，更添華麗。在背面加上別針，製作成胸針也很漂亮。作法參考了榎本小姐著作《つまみ細工の花 あしらい（暫譯：和風布花裝飾）》中刊登的「三色菫墜飾」。

No.17

Hatuhanna工坊 榎本初江
@hatsuhannah

在東京・西東京市舉辦小型和布花教室Hatuhanna工坊。著作有《アトリエはつはんな つまみ細工の花あしらい（暫譯：Hatuhanna工坊 和風布花裝飾）》Boutique社出版。

和風布花的 花賞

只需將剪成小塊的縮緬布摺疊黏貼，就能作出可愛花朵的和風布花。這次就選能感受到春天來訪的「紫羅蘭」，製作耳環吧！

攝影＝回里純子　造型＝西森萌　排版＝牧 陽子

摺花型版…原寸紙型 A面
（請印下來使用）

紫羅蘭

布底座
（A布 2片）
3
3

小花瓣a
（A布 4片）
2
2

底布
（A布 2片）
2
2

耳環

大花瓣
（B布 2片）
2.3
2.3

小花瓣b
（C布 4片）
2
2

底板
（厚紙 2片）
直徑1.2cm

No.17 紫羅蘭耳環的作法

材料（兩耳份）

A布（一越縮緬布 紫）　25cm×5cm
B布（一越縮緬布 淺紫）　10cm×5cm
C布（一越縮緬布 深紫）　5cm×5cm
厚紙 5cm×5cm
仿真花芯 6個
圓盤底座耳針 10mm 1組

工具

①白膠 ②硬盒2個 ③鑷子 ④木棒 ⑤接著劑 ⑥漿糊 ⑦紙膠帶

---

1 製作花瓣（作圓形摺）

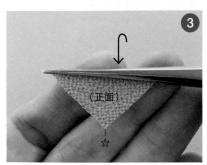
③
將鑷子往自己的方向翻轉，對摺。

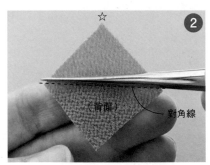
☆
②
（背面）
對角線
以鑷子夾住布料對角線稍微偏上處。

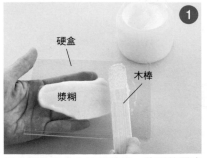
①
硬盒
漿糊
木棒
以木棒在硬盒上抹開漿糊，漿糊的厚度約在2mm左右。

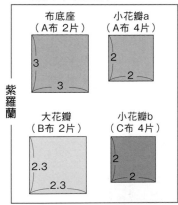
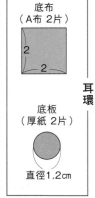
（正面）

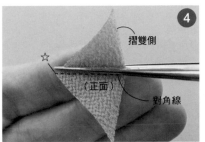

4

依圖示方向手持花瓣，並以鑷子夾住對角線稍微偏上的位置。

5

鑷子往自己的方向翻轉，對摺花瓣。

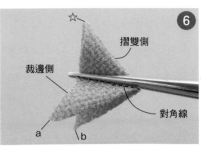

6

將布料摺雙側朝上，以鑷子夾住對角線稍微偏上的位置。

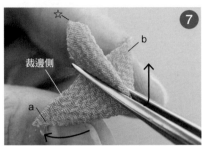

7

將拇指＆食指由下往上收摺花瓣，下側角落（a、b）分別在左右兩側往上摺起。

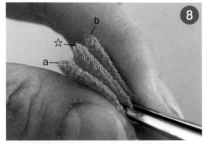

8

朝上翻摺，將a、b、☆調整成高度一致。

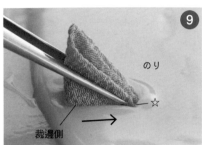

9

將裁邊側放在漿糊上，並向前滑約0.1cm。製作需要的花瓣數量，在漿糊板上靜置約10分鐘。

※和風布花，將花瓣黏貼於底座的動作稱之為「葺花」。

2 葺花

10

以相同方式製作花瓣：大1片、小4片，共5片，放在漿糊上靜置約10分鐘。

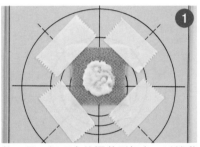

1

放入另一個硬盒的摺花型板上，以捲黏成環形的紙膠帶黏在布底座背面暫作固定，再以紙膠帶固定邊角後，中央塗上白膠。

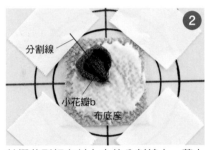

2

於摺花型板左斜上方的分割線上，葺上小花瓣b。

---

3 黏貼花心

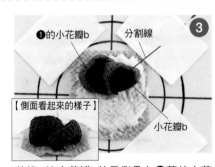

1

將3個從根部剪斷的仿真花芯，以白膠黏貼在花朵中央作為花心。

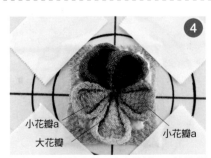

4

在橫向分割線上葺2片小花瓣a，並於朝下的分割線上葺大花瓣。

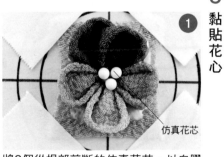

3

將第2片小花瓣b的足側疊在❷葺的小花瓣b上，葺於右斜上的分割線上。

【側面看起來的樣子】

完成

共製作2個。

5 製作成耳環

2

依圓盤底座耳針→底座→紫羅蘭的順序，以接著劑黏貼固定。

1

以底布包覆底板厚紙。

底座（背面側）

4 修剪布底座

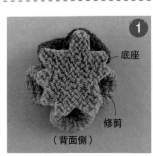

1

白膠乾燥後，將花朵從硬盒上取下，從花瓣根部修剪布底座。

以相同的方式再製作1朵紫羅蘭。

底座

修剪

（背面側）

以俄羅斯刺繡
樂享簡易刺繡！

可如同畫畫般享受刺繡樂趣的俄羅斯刺繡。建議初學者可購買工具
齊全的入門套組。一起來玩簡單有趣的俄羅斯刺繡吧？

攝影＝回里純子（P.30）・腰塚良・藤田律子（P.31）　造型＝西森 萌

用線：皆為MOCO／（株）Fujix
波奇包上＝817
波奇包中＝13・261・156・167・751
波奇包下＝4・156・191
※使用的色號。

在喜愛的布料上進行俄羅斯刺繡

只需將俄羅斯繡針工具穿線，戳刺布料表面即可簡單快速地完成刺繡。可以在喜
歡的印花布上，直接依著圖案如著色般地刺繡。無論是正面或反面都有刺繡表現，
將能享受特製不同風貌布料的樂趣，並將其製作成拉鍊波奇包！

〈俄羅斯刺繡作法〉

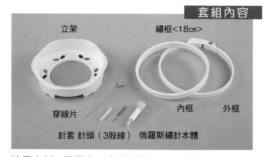

俄羅斯刺繡針本體

針孔
斜切面
側孔
②→
頭側
防滾片
握把
①
頭側

抓住頭側固定，握把朝①的箭頭方向鬆開，將針頭以②的箭頭方向插入夾座，針頭斜切面對齊頭部防滾片的方向。

套組內容

立架　繡框〈18cm〉
穿線片　內框　外框
針套　針頭（3股線）　俄羅斯繡針本體

適用布料：平織布、牛津布等，中～厚度的布料（請準備大於25cm方形的布料）。
適用線材：25號刺繡線（3股）、蕾絲線40號。

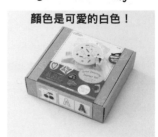

Clover入門套組的
顏色是可愛的白色！

俄羅斯刺繡入門套組
〈57-410〉

穿線方式

4
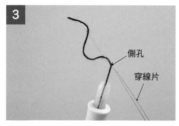
約3cm

慢慢地拉出穿線片後，暫時先將線從側孔拉出約3cm。

3
側孔
穿線片

穿線片穿入針尖的側孔，再將線穿過穿線片前端。

2
穿線片

將穿線片依箭頭方向慢慢地拉出。

1
穿入繡線　針孔
穿線片

將穿線片從針孔穿入，從頭側伸出前端，穿入繡線。

繃布＆刺繡

4
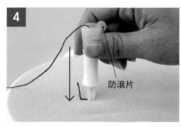
防滾片

將防滾片朝向前進方向，垂直戳入至夾座根部。

3
繡框外框
布料
立架

將繃好的繡框放置於立架上，完成準備工作。

2
繡框外框　螺絲
布料
繡框內框

鬆開繡框外框的螺絲，套在 **1** 上。稍微鎖緊螺絲，將布料朝外側拉，再繼續鎖緊螺絲，重複這個動作數次，將繡布繃緊安裝。

1
繡框內框
框緣
布料
繡框內框

繡框內框的框緣處朝上，將布料由上方覆蓋。

強力膠
〈背面〉

背面側的收尾

布用強力膠〈黏貼工作〉
〈58-444〉

為免繡好的線鬆脫，在繡完的布料背面以布用強力膠〈黏貼工作〉進行黏貼。等強力膠乾了之後，剪去起繡＆完繡的線頭。

6
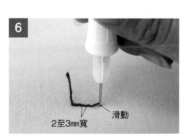
滑動
2至3mm寬

針尖在布料上滑動，以2至3mm間隔，朝前進方向刺繡。重複 **4** 至 **6**。

5
前進方向→　防滾片
斜切面

維持針尖不離開布料，朝正上方提起。

**製作毛圈或刺繡，
玩出不同風貌！**

掃QR碼看影片，更容易理解俄羅斯刺繡！

毛圈　刺繡

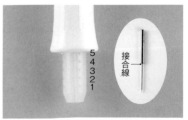
1 2 3 4 5
〔毛圈長度〕

接合線
5 4 3 2 1

針尖的接合線對齊刻度1至5的位置。可透過改變針的刻度，調整毛圈長度。

洽詢　Clover株式會社

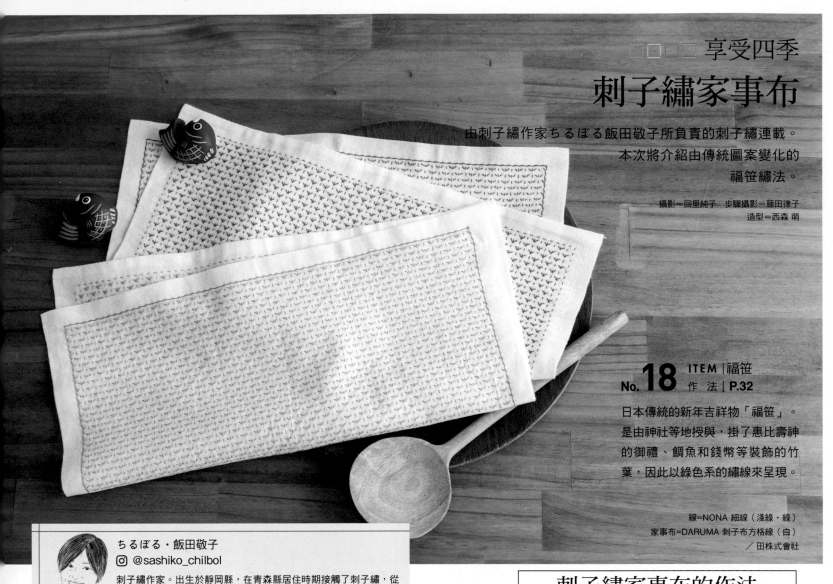

刺子繡家事布

由刺子繡作家ちるぼる飯田敬子所負責的刺子繡連載。
本次將介紹由傳統圖案變化的
福笹繡法。

攝影＝回里純子　步驟攝影＝藤田律子
造型＝西森 萌

No. 18　ITEM｜福笹
作 法｜P.32

日本傳統的新年吉祥物「福笹」。
是由神社等地授與，掛了惠比壽神
的御禮、鯛魚和錢幣等裝飾的竹
葉，因此以綠色系的繡線來呈現。

線＝NONA 細線（淺綠・綠）
家事布＝DARUMA 刺子布方格線（白）
／田株式會社

ちるぼる・飯田敬子
@sashiko_chilbol

刺子繡作家。出生於靜岡縣，在青森縣居住時期接觸了刺子繡，從
此投入學習傳統刺子繡技法。目前透過個人網站以及YouTube，推
廣初學者也易懂的刺子繡針法＆應用方式。

刺子繡家事布的作法

※為了方便理解，在此更換繡線顏色，並以比實物小的尺寸進行解說。

[刺子家事布基礎]

起繡
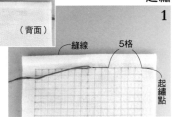
1

（背面）
縫線
5格
起繡點

在起繡點的前方5格入針，穿入兩片
布料之間（不從背面出針），從起
繡點出針。不打結。

頂針器的配戴方法＆持針方法
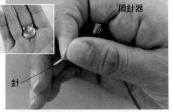

頂針器
針

頂針器的圓盤朝下，套入中指根部。
剪下約張開雙臂長度（約80cm）的線
段，取1股線穿針。以食指＆拇指捏
針，頂針器圓盤置於針後方的方式持
針。

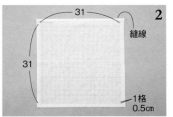
2

31
縫線
31
1格
0.5cm

「DARUMA刺子繡家事布方格線」
已繪製格線。使用漂白布時，請依
據圖片尺寸以魔擦筆（加溫可清
除）描繪0.5cm格線。

製作家事布＆畫記號
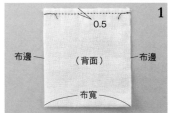
1

0.5
布邊
（背面）
布邊
布寬

將「DARUMA刺子繡家事布方格
線」正面相疊對摺，在距離布端0.5
cm處平縫，接著翻至正面。使用
漂白布時則是裁剪成75cm長，以相
同方式縫製。

順平繡線
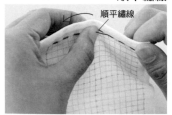

順平繡線

每繡一行就順平繡線（用左手指腹
將線條往左側順平），以舒展線條
不順處，使繡好的部分平順。
※斜向刺繡無需順平繡線

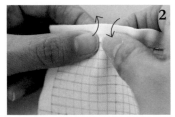
2

以左手將布料拉往遠側，使用頂針
器從後方推針，於正面出針。重複
步驟1、2。

繡法
1

以左手將布料拉往近側，使用頂針
器一邊推針，一邊以右手拇控制針
尖穿入布料。

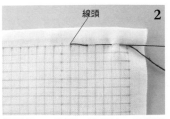
2

線頭

留下約1cm線頭，拉繡線。分開穿
入布料的繡線起繡，完成後剪去線
頭。

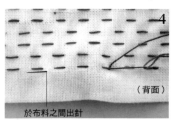

4

（背面）

於布料之間出針

繡3目之後，穿入布料之間，在遠處出針並剪斷繡線。

※刺繡過程中若繡線用完時，也一樣使用起繡＆完繡的處理作法。

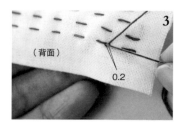

3

（背面）

0.2

以0.2cm左右的針目分開繡線入針，穿過布料之間，於隔壁針目一端出針，以相同方式刺繡。

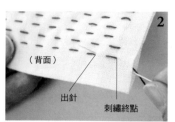

2

（背面）

出針

刺繡終點

翻至背面，避免在正面形成針目，將針穿入兩片布料之間，在背面側的針目一端出針。

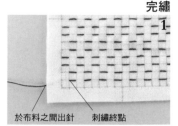

完繡 1

於布料之間出針　刺繡終點

刺繡完成後，從布料之間出針。

2.直向刺繡

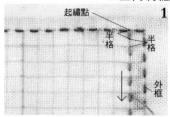

1

起繡點

半格　半格

外框

從起繡點出針，朝下反覆從格子中心入針，格子上方出針。

1.繡外框

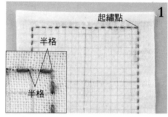

1

起繡點

半格

半格

從右上的格子邊緣起繡。反覆繡半格空半格，繡最外側的線一圈。

工具

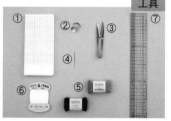

① ② ③ ⑦

④

⑥ ⑤

①DARUMA刺子繡家事布方格線（或漂白布）②頂針器 ③線剪 ④針（有溝長針）⑤線（NONA細線）⑥線（木棉細線）⑦尺

[No.18　福笹的繡法]

＼掃QR碼看影片，更簡單明瞭！／

福笹家事布 作法

https://x.gd/WjuXb

3.從右上朝左下斜向刺繡

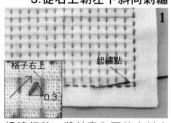

1

格子右上

0.3

起繡點

繡線打結，將針穿入兩片布料之間，從起繡點（格子中心）出針。朝格子右上取0.3cm的長度入針。

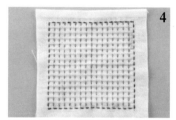

4

反覆步驟1至3，繡至邊緣。

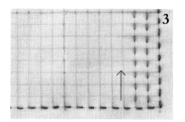

3

第二行也以步驟1、2相同方式刺繡。

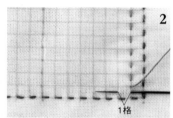

2

1格

繡到邊緣之後，將針穿入兩片布料之間（不從背面出針），在左邊1格出針。

4.從左上朝右下斜向刺繡

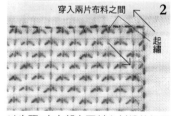

2

穿入兩片布料之間

起繡

以步驟3右上朝左下斜向刺繡的相同方式，由左上朝右下斜向刺繡，繡至布料左下側為止。

1

起繡點

繡線打結，從起繡點出針（格子中心）。

3

重複步驟1、2，繡至布料左上側。

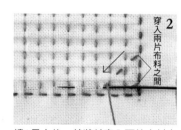

2

穿入兩片布料之間

繡1目之後，就將針穿入兩片布料之間（不從背面出針），在上方2格出針。第2行，朝格子中心往左斜下刺入。

完成

（背面）

（正面）

圖案完成。沾水消除線痕（魔擦筆則以熨燙消除），修剪多餘的線頭就完成了！

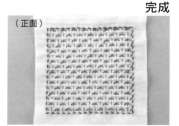

2

針孔　起繡點

從外框縫線，將針由右朝左，從針孔側鑽入。以相同方式鑽入一圈後，將針穿入布料之間打結收線。

5.進行鑽繡

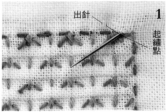

1

出針　起繡點

繡線打結，將針穿入兩片布料之間，從步驟1繡的外框縫線左側出針。

赤峰清香的
布包物語

布包作家赤峰清香老師認為，轉換心情就靠閱讀！將在每一期伴隨親筆寫下的感想文，向大家介紹想要推薦的喜愛書籍，並製作取其內容為創作意向的設計包款。請和介紹的書籍一同享受企劃主題「布包物語」。

攝影＝回里純子　造型＝西森萌　妝髮＝タニジュンコ　模特兒＝芽生

赤峰小姐不私藏傳授！

車縫麻布袋時的重點

- ☐ 麻布袋在自行烘豆的咖啡店或雜貨店等地方有販賣。由於不是量產商品，因此每次能買到的圖案都不同。如果看到喜愛的圖案，建議先買下來。
- ☐ 由於會縮水，因此不可水洗、熨燙。
- ☐ 因為容易脫線，故裁布之後要立即開始縫製。

有內口袋。脇邊也接縫了可裝水壺或寶特瓶的飲料套。

長提把最適合單肩背。
即使是穿著外套的季節，
也不會擠在一起。

ITEM｜麻布袋包
No. **19**　作 法｜P.76

將裝咖啡豆的麻布袋使用於表布的托特包。接縫長、短兩種提把，就能依喜好選擇使用。

配布＝11號帆布（#5000-4・黑色）
裡布＝棉厚織 79號（#3300-8・砂米色）
／富士金梅®（川島商事株式會社）
接著襯（硬・白色）／L'idée

縫紉時光的特調咖啡

位於神奈川縣・厚木市，赤峰小姐最喜愛的咖啡店「Pioneer咖啡工房」。從那裡獲得了向巴西契作莊園進咖啡豆時所使用的麻布袋，用來縫製作品。藉由本期連載的契機，以「進行手作時，喝了會讓心情變得暖洋洋」的感覺，還請店主橘川特製了濾掛式咖啡哩！

Pioneer咖啡工房　神奈川縣厚木市七澤2182-1
https://pioneercoffee-factory.co.jp

《月とコーヒー》
※暫譯：月與咖啡
吉田篤弘◎著　德間書店

本次要介紹的，是被標題與封面吸引而購入的書《月とコーヒー》。我通常會在書店慢慢地觀看著陳列的書本選書，這本書便是所謂「為封面而買」。比起文庫本稍大一些的紀住尺寸感覺也很棒。取下書衣，封面也很簡潔可愛。這是電子書絕對無法玩味，紙本書才能滿足的樂趣。由於能完美融入居家佈置，也是會讓人想裝飾在書架上的一本書。

這本書內有24則極短篇。無論哪一篇都是平淡安靜完結的故事，可感受到宛如窺視著奇妙世界般，像是肩膀突然放鬆似的平靜感覺。這麼穿插著樸素的插畫，給人「大人的繪本」這種印象。是非常適合寒冷夜晚的一本書，推薦給結束一整天日程後，想要度過平靜之夜的人。

這次的布包作品，呼應書名而使用了豆袋的設計。原本被認為應該已經達成任務的豆袋，總覺得丟掉太可惜了……我想，那麼就嘗試製作布包的材料吧！縫紉有許多魅力，若升級再利用也能成為其魅力之一，那麼真的太開心了！

此作品的主角咖啡豆袋，是從位於厚木市的Pioneer咖啡工房取得。第一次知道Pioneer咖啡工房是大約在10年前。雖然當時並不喜歡咖啡，但因為喝了這裡的咖啡而完全改觀。我現在之所以能品嘗咖啡的美味，就是拜Pioneer咖啡工房所賜。

雖然使用咖啡豆袋製作布包要多花一點心思，但請務必一邊確認作法，一邊挑戰看看。

麻布袋包

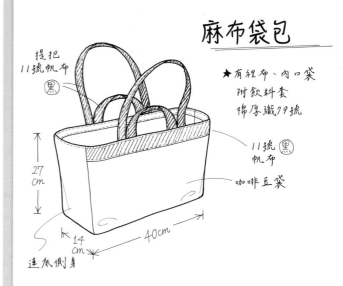

提把
11號帆布
（黑）

★有裡布、內口袋
　附飲料套
　棉厚織79號

11號
帆布（黑）

咖啡豆袋

27 cm

14 cm

40cm

連底側身

---

profile　赤峰清香

文化女子大學服裝學科畢業。於VOGUE學園東京、橫濱校以講師的身分活動。近期著作《仕立て方が身に付く手作りバッグ練習帖》（暫譯：學會縫法 手作包練習帖）》Boutique社出版、《きれいに作れる帽子（暫譯：作漂亮的帽子）》主婦與生活社出版，內附能直接剪下使用的原寸紙型，因豐富的步驟圖解讓人容易理解而大受好評。

@sayakaakaminestyle

初次見面！
我是VCT～Vario Creative Tool。

家用手壓鉗VCT，一台搞定！

安裝麻煩，聲音很大聲……等等，給人困難印象的雞眼釦或鉚釘等零件類的安裝，因為家庭用手壓鉗VCT～Vario Creative Tool的出現，一口氣解決至今為止的煩惱！

將Selvedge（牛仔布邊）活用於口袋口的托特包。同時兼具脇邊補強，在有D型環的耳絆裝上了鉚釘。

鉚釘9mm（403・102）
／株式會社MISASA
／Prym Consumer Japan

No.20

在角落安裝雞眼釦作為設計重點的扁平波奇包。若裝上登山釦，就方便掛在皮帶環或包包提把等位置。

雞眼釦14mm（541384）
／株式會社MISASA
／Prym Consumer Japan

M

No.22

S

No.21

攝影＝回里純子　造型＝西森 萌　妝髮＝タニジュンコ　模特兒＝芽生

\赤峰清香小姐設計！/

No.20 ITEM｜外口袋托特包　作法｜P.78

No.21 ITEM｜鑰匙掛繩　作法｜P.80

No.22 ITEM｜扁平波奇包S・M　作法｜P.80

在使用厚達13.5oz的牛仔布所製作的作品上，無論是雞眼釦、鉚接或鉚釘，全部的配件類都以Vario Creative Tool來安裝。牛仔布的厚度也不是問題，只要壓一下，安裝就完成了！

〔No.20至21全部〕表布＝13.5oz Selvedge牛仔布（98-D41947）／NEEDLES AND PINS

可利用安裝於兩處的四合釦，調整繩長的鑰匙掛繩，直接掛在布包提把或耳絆上使用。

四合釦13mm（390 502）
／株式會社MISASA
／Prym Consumer Japan
鑰匙圈零件（黑鎳）
／Kuniko's Factory

赤峰清香

@ @sayakaakaminestyle

布包設計師。著作有《仕立て方が身に付く手
作りバッグ練習帖（暫譯：學會縫法 手作包練
習帖）》Boutique社出版。「若使用VCT，連
牛仔布的厚度也不是問題，安裝零件順暢得驚
人，讓人超感謝！」

訪問赤峰清香小姐！
VCT～Vario Creative Tool
重點介紹

Point 3　一台多用，魅力在於便利性。

在安裝雞眼釦或鉚釘時，至今都是需要以錐子
或沖孔丸斬事先打洞，按照尺寸或零件種類準
備工具。若使用VCT，無論是打孔或零件類的
安裝都能一台搞定。

Point 2　製作靜悄悄！

在接合鉚釘等零件時，讓人最在意的是用木槌
敲打時的噪音。由於是根據人體工學設計，所
以無需費力，無論在哪裡，隨時都可以安靜地
安裝零件。

|安靜！|

Point 1　輕便小巧，攜帶也很方便。

VCT的重量約630g，單手就能拿起的輕盈度
是其魅力。隨著製作場所移動也不成問題。還
能放入包中攜帶。

|輕巧！|

Point 4　用VCT就是這麼簡單！雞眼釦的安裝方式

4

將調節用螺絲依布料厚度調整高度，壓
下把手，雞眼釦就裝好了！

3

將雞眼釦專用丸駒（另售）安裝於VCT
本體，把雞眼釦足部安裝於下丸駒之
後，將步驟2打好洞的布料疊上，最後再
放上雞眼釦的頭部。

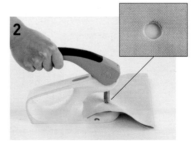

2

布料夾在中間，把手向下壓直到發出
「喀嚓」的聲音，在布料上打洞。

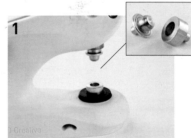

1

打洞用丸駒小心避免上下弄錯，安裝於
本體。

VCT
～Vario Creative Tool
商品No.：390903

鉚釘9mm
內含24組
商品No.：403102

四合釦13mm
內含10組
商品No.：390502

雞眼釦專用套件
11・14mm用
商品No.：673127

雞眼釦14mm
內含10組
商品No.：541384

販賣店家洽詢 | 株式會社MISASA

No.**23** ITEM│側身摺疊方托特包
作法│**P.87**

高質感亞麻布與皮革提把統一沉穩墨黑色的基調，製作這款簡約就是最好的托特包。側身寬達14cm，具穩定性，容量也很充足。

表布＝亞麻布by LIBECO（Naturals L469 BlackVintage）／COLONIAL CHECK
裡布＝棉厚織79號（#3300-3・原色）／富士金梅®（川島商事株式會社）

製作精良的布包與
小物LESSON帖

布包講師・冨山朋子好評連載。將為你介紹活用私房布料，
製作講求精細作工及實用性的布包＆小物。

攝影＝回里純子　造型＝西森 萌　妝髮＝タニジュンコ　模特兒＝芽生

布包底部置入了專用底板。內有4個口袋。

若釦上兩側四合釦，即可摺疊側身。
使包身變得較小巧。

布包作家・講師　冨山朋子

 @popozakka

文化服裝學院 生涯學習BUNKA推廣部布包講座講師。近期著作有《バッグ講師が教える とっておきの布で作る仕立てのよいバッグとポーチ（暫譯：布包講師教你 用壓箱布料製作精良車工的布包與波奇包）》Boutique社出版。

| 鎌倉SWANY |

鎌倉SWANY風格的
冬季外出包

要不要來製作能作為冬季穿搭重點，
鎌倉SWANY 風格的時尚布包呢？

攝影＝回里純子　造型＝西森 萌　妝髮＝タニジュンコ　模特兒＝芽生

使用2cm寬真皮帶的布
包提把，若以提把專用
縫合線接縫，就能夠輕
易縫合，並且牢固地安
裝。

a

b

作法影片看這邊！

https://youtu.
be/6cis0ztg6hM

在三角側身向上翻摺的部分
縫上鈕釦，作為設計要素。

No.24 ITEM | 皮革提把剪接托特包
作 法 | P.81

透過與素色布料進行拼接，以襯托印花布的
極簡托特包。皮革提把＆縫合在向上翻摺三
角側身上的鈕釦，是設計亮點。

a・表布＝亞麻布中厚布（B0572-2）
b・表布＝亞麻布中厚布（B0572-1）
／鎌倉SWANY

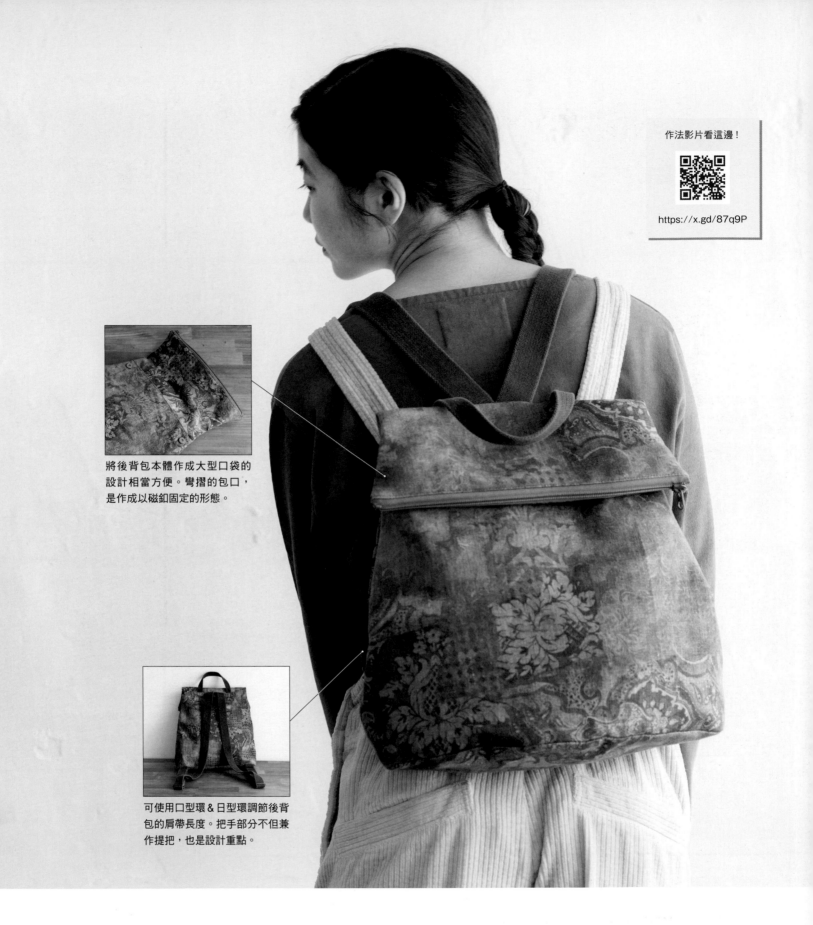

作法影片看這邊！

https://x.gd/87q9P

將後背包本體作成大型口袋的
設計相當方便。彎摺的包口，
是作成以磁釦固定的形態。

可使用口型環＆日型環調節後背
包的肩帶長度。把手部分不但兼
作提把，也是設計重點。

No.25 **ITEM**｜拉鍊後背包
作 法｜**P.82**

外觀輕巧，側身卻寬達15㎝的大容量後背
包。拉鍊式的包口易於物品出入，方便好
用。

表布＝亞麻中厚布（B0573-1）
／鎌倉SWANY

No.26 **ITEM** | 吾妻式剪接托特包（長・短）
作 法 | **P.84**

從接縫三角布製作而成的吾妻袋獲得靈感，
新設計的布包。左（**a**）肩帶作成80㎝可斜
背，右（**b**）則作成40㎝，可單肩背。

a・表布＝亞麻中厚布（B0568-1）
b・表布＝亞麻中厚布（B0568-3）
／鎌倉SWANY

作法影片看這邊！

https://youtu.be/
meKF2HTQoeE

包口內藏的鋁管口金。除了縫製
輕鬆，開闔也很順暢。

脇邊夾入掛接D型環的耳絆，裝
上了市售肩帶。

No.27

ITEM │ 鋁框口金蠶豆包
作　法 │ **P.85**

活用直條版式的花朵印花，製作時尚豆形肩　　表布＝亞麻中厚布（B0566-2）
背包，可作為簡約穿搭的重點。　　　　　　　／鎌倉SWANY

作法影片看這邊！

https://youtu.be/
WsWJF_2wyrA

No.28

ITEM｜壓褶風拼接包

作　法｜**P.86**

作工簡單卻具有容量，儘管如此也保有外觀的可愛感，完成了這款理想的肩背包。肩帶使用了皮帶，呈現出高質感。

表布＝亞麻中厚布（B0574）／鎌倉SWANY

包口有磁釦，
讓內容物不外露。

資深設計師的製包基礎講座×新手必學的16堂課
專以手作初學者的角度設計的基礎製包教學指南

★ **兩大張原寸紙型**
   紙型獨立不重疊，新手友善最好用！

★ **作法照片超詳解步驟教學**
   無拉鍊設計！Eileen 老師帶你作！16 件新手也能完成的超基礎製包

★ **超簡易配色基礎筆記**
   初學者也能秒懂的作品解說配色基本功

　　Eileen手作言究室專為初學者打造的第一本手作包基礎教學書。2022年出版個人著作《簡約至上！設計師風格帆布包：手作言究室的製包筆記》，得到許多粉絲迴響，基於從事手作店製包課程商品設計及教學路程十多年的店長經驗，聽從了許多顧客的需求，其中對於基礎製包技巧的疑問，一直是最多人想了解的環節，「想讓初學者也能看書自學設計&製包」，因著這樣的理念及讀者需求，Eileen老師著手設計了16堂專為新手入門而生的基礎課。

　　本書收錄16件基礎包款圖解製作教學超詳細作法解析，內附兩大張原寸紙型，紙型獨立不重疊，新手友善設計，讓初學者在製作包包實用又立即上手！書中收錄作品皆為無拉鍊設計，跟著Eileen老師的詳細說明，就能學會16個初學者也能完成的基礎包款，每件作品亦附有超簡易配色基礎筆記，以作品印花解說初學者也能秒看秒懂的配色基本觀念。

全圖超解析！
設計師的 16 堂手作包基礎課

Eileen 手作言究室◎著
平裝 128 頁／ 21cm×26cm ／全彩
定價 580 元

　　運用本書的16堂基礎製包教學，學會各式技巧，可將喜愛的印花布聰明運用，變換創意，打造自我風格，讓自己也能成為生活中的設計師！

兩三下就縫好！
零碼布的簡易好點子

運用零碼布，迅速地製作手工小物吧！
以下將為你介紹非常推薦的簡單品項。

攝影＝回里純子　造型＝西森 萌　妝髮＝タニジュンコ　模特兒＝芽生

Back

背面也有壓釦式口袋。

No.29 · 30 · 31 創作者

siromo

@siromo_fabric

於《余ったハギレでなに作る？》
（暫譯：要用剩下的零碼布作什
麼？）》及《Cotton Friend》
Boutique社出版，等書中刊登多
款作品。

No.29　**ITEM** | 縫紉波奇包
　　　　　作 法 | **P.88**

容易亂七八糟的裁縫工具，若能放置在於專
屬波奇包中，就能收納得整整齊齊。正面
的細長形口袋，可裝入筆類或錐子等常用工
具，是能仔細分類的多功能款式。

No.30

ITEM | 附提把眼鏡袋

作法 | **P.77**

有問號鉤，可掛在背包提把帶著走的眼鏡袋。由於內有鋪棉，因此具緩衝性，可保護眼鏡。

No.31

ITEM | 掀蓋筆袋

作法 | **P.89**

基本款的無側身扁平式筆袋。前側作有可收納剪刀或美工刀等用品的掀蓋口袋，亦可當成波奇包使用。

方便收納剪刀的掀蓋口袋。

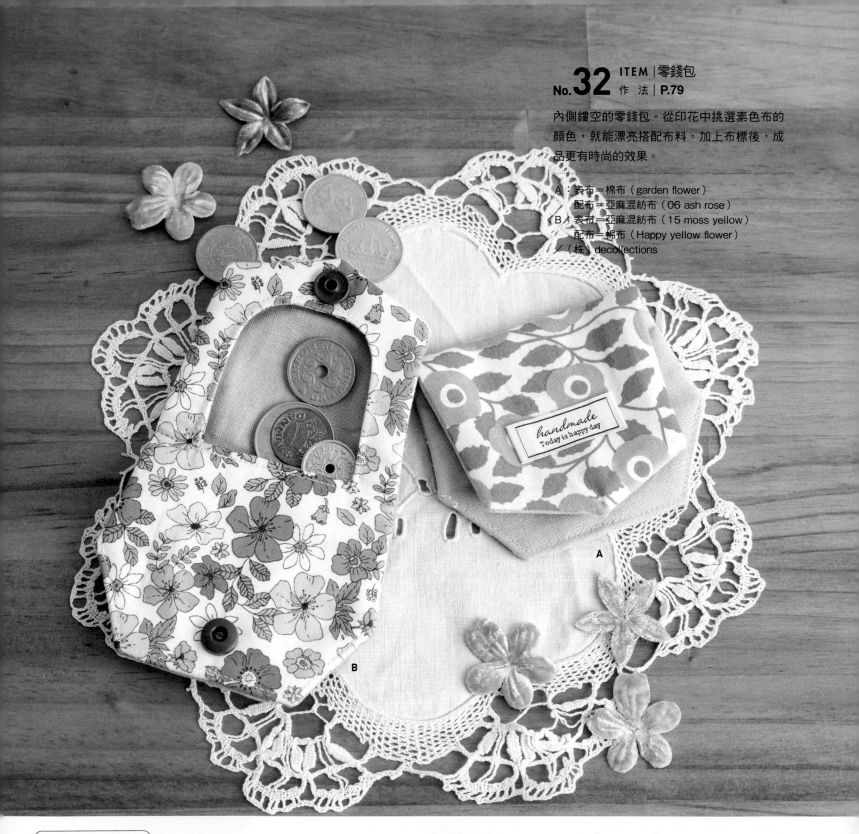

內側鏤空的零錢包。從印花中挑選素色布的顏色，就能漂亮搭配布料。加上布標後，成品更有時尚的效果。

A：表布＝棉布（garden flower）
　　配布＝亞麻混紡布（06 ash rose）
B：表布＝亞麻混紡布（15 moss yellow）
　　配布＝棉布（Happy yellow flower）
／（株）decollections

handmade
Today is happy day

A

B

No.32 ～ 34 創作者

小春
於2021年創立YouTube頻道「小春的手作學院」，約2年內即突破12萬訂閱數。簡單又讓人目瞪口呆的作法深獲好評，每日都有更新喔！
著作《「あっと驚く！魔法のこもの作り（暫譯：驚奇連連！魔法小物製作）》Boutique社出版。

YouTubr頻道
「小春的手作學院」 ▶▶

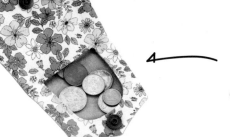

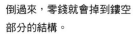

Coin Case

open

倒過來，零錢就會掉到鏤空部分的結構。

打開釦子，是塑膠壓釦接合於內蓋上的俐落設計。

附有問號鉤，可掛在包包上攜帶。

No.33

ITEM｜迷你捲筒塑膠袋收納包
作 法｜**P.83**

外出時超便利！可裝入迷你捲筒塑膠袋的收納包，是溜狗或出門時可迅速使用的方便好物。

右：表布＝棉布（Blossom-bud)
左：表布＝棉布（Blossom-flowery）
／（株）decollections

迷你捲筒式的塑膠袋

從底部洞口抽出塑膠袋。

No.34

ITEM｜鑰匙包
作 法｜**P.90**

小巧且作法簡易的鑰匙包。裝上伸縮鑰匙釦後，簡單掛在包包上，就能直接且迅速地拿出鑰匙。也加上皮標裝飾，打造時尚感吧！

表布＝防水棉布（Checkmate）
裡布＝亞麻混紡棉（06 ash rose）
／（株）decollections

作有口袋，收納零散小物相當方便。

攝影＝回里純子　造型＝西森 萌

繽紛季節的手作

從聖誕節到新年、女兒節……
何不以手作小物為室內增添季節色彩呢？

くぼでらようこ
@dekobokoubou

布物作家。著作有《フレンチジェネラルの布で作る美
しいバッグやポーチetc.（暫譯：用French General布料
製作美麗的布包和波奇包etc.）》Boutique社出版。

No.35
ITEM | Biscornu針插（S・M）
作　法 | **P.93**

以聖誕星空為主題製作的Biscornu針插。較大
的是以4.4cm見方，小的則是以3.9cm見方的
零碼布，各使用15片布料拼接縫製而成。若
加上繩子，也可以當成聖誕樹裝飾。

〔A〕表布＝平織布 by Tilda（110094・Olive branch Laurel）
　　配布＝平織布by Tilda（100539・Autumn bloom）
〔B〕表布＝平織布by Tilda（100539・Autumn bloom）
　　配布＝平織布by Tilda（110094・Olive branch Laurel）
〔C〕表布＝平織布by Tilda（100532・Winter rose Hazel）
　　配布＝平織布by Tilda（110092・Olive branch Laurel）
〔D〕表布＝平織布by Tilda（110092・Olive branch Laurel）
　　配布＝平織布by Tilda（100532・Winter rose Hazel）
　　　　　　　　　　　／有限會社ScanjapIncorporated

No.36

ITEM │風箏掛飾
作 法 │ **P.90**

風箏、風箏往上飛～♪ 以在清澈晴朗的新年天空中飛揚的風箏為印象，選用鮮明色彩的布料製作吧！風箏本體背面裝入架成十字的竹條，即可呈現出立體感。

No.37

ITEM │目出鯛擺飾
作 法 │ **P.92**

以鮮紅的棉質印花布演繹慶賀氣氛的鯛魚新年裝飾。木板等組件可從均一價商店購入。為玄關或客廳展現出華麗的氛圍吧！

福田とし子
@beadsx2
手藝家。於Cotton Friend網路商店"CF市集"上，正販售No.36風箏飾品和No.37目出鯛壁飾的材料組。

No.36

No.37

ITEM｜洋牡丹刺繡袱紗
作　法｜**P.94**

在婚禮等喜慶日不可欠缺的袱紗上，繡上
「幸福」花語的紫色洋牡丹，增添祝賀心
意。淺紫色花瓣作成漸層色，展現立體感。

yula
@yula_handmade_2008
刺繡家。11月出版的最新著作《yulaの幸せの刺
（暫譯：yula的幸福刺繡）》Boutique社出版，好
評熱賣中。

接縫於布料背面，表面看不見的隱形磁
釦，可使袱紗整體呈平面狀，推薦使用。
隱形磁釦（SUN14-122）／清原株式會社

52

No.39

ITEM | 兔子雛人偶束口包
作　法 | **P.96**

以LIBERTY FABRICS的零碼布，拼接製作
成有兔耳的束口包。將粉紅色系與藍色系擺
在一起，就好像雛人偶一般。裡面裝入雛米
果當成禮物，收到的人應該也會很開心。

阿部真理（Ma Rerura）
⊙ @mari.abe1202
於群馬縣橘市經營工作室兼店面Ma Rerura，除了
販售自家設計的LIBERTY FABRICS服飾，也舉辦
能享受裁縫及編織等手藝樂趣的工作坊。
https://www.marerura.com

俄羅斯刺繡
太陽系小宇宙

2024年即將進入水瓶世代，
讓越來越多人想要挖掘自己的小宇宙，從而更認識自己。
讓我們透過「繡線×俄羅斯刺繡技法」，來呈現星空小宇宙的多元與有趣吧！

作品設計公司／DIY School 手作體驗
作品製作・示範教學・作法文字提供／Amy Weng
作品欣賞圖＋作法攝影／Muse Cat Photography吳宇童
採訪執行・企畫編輯／陳姿伶

Introduction

Amy Weng

DIY School講師群

擅長俄羅斯刺繡・英國鈕扣編織

2023.4　龍華科技大學
2022.3　信義房屋分店社區活動
2021.11　花蓮家扶幸福小舖內訓
2020.6　雲林科技大學

俄羅斯刺繡，又稱Punch Needle，在許多地區也都有出現類似用打孔針戳繡的足跡，真正起源已不可考。有一種說法是起源於中世紀的歐洲，在中國北方被稱為墩繡、戳繡或戳花。

有趣的是，俄羅斯刺繡不但不需要打結，還可以快速地繡出圖案。與手工刺繡相輔相成，並結合其他媒材，讓現代刺繡作品更加多元化！

🕐 所需時間：6hrs（圖案較大、顏色較多，需要多一點時間完成）

⭐ 難易度：★★☆☆☆ 1.5顆星

（無刺繡經驗＆能穩定握筆寫字的小朋友，都可以放心一起玩）

DIY School 手作體驗

DIY School 手作體驗初成立於2006年，在一次一次的活動中與許多同學慢慢變成了同好，一起成長並分享生活的沮喪和快樂，更與許多不同領域的手作講師合作超過百場體驗，希望你們可以透過我們的設計，一起慢慢享受生活，一起感受手作的樂趣！

Together is Better!

第一本俄羅斯刺繡手作書《俄羅斯刺繡的美感生活》即將出版！

一起用一枝筆型工具，自由創作不思議繡畫＆裝飾小配件吧！

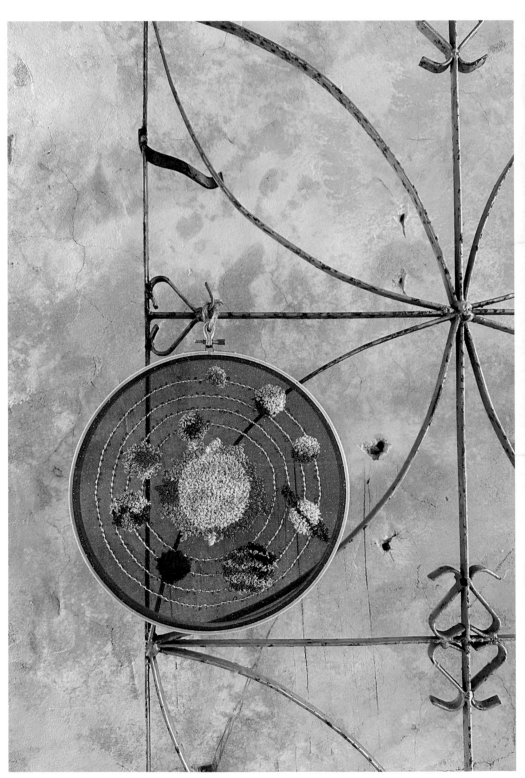

DIY School 手作體驗
太陽系小宇宙

材料包 內含

- QR Code 教學影片／可無限時觀看
- 小宇宙圖稿
- 40色繡線盒一組
- 4吋、10吋繡框各一只
- 白色擦擦筆一支
- 金色繡線一束
- 練習布料
- 星空網紗布料

材料包這裡買

獨家折扣
- **$100** 折扣碼
【EB2023】

※即日至 **2024.4.30** 截止
（限登入會員使用一次）

how to make

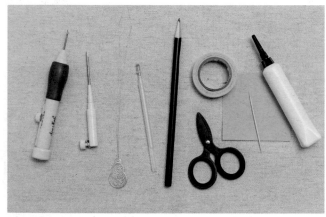

工具 繡線刺繡針組（中針＋粗針＋穿線片）・ 熱消筆 ・ 鉛筆 ・
紙膠帶 ・ 剪刀 ・ 牙籤 ・ 小紙片 ・ 白膠

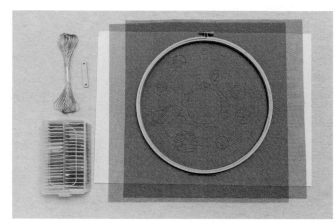

材料 10 吋繡框 ・ 紗網 2 片 ・ 圖稿 ・ 金色金蔥線 ・ 皮革條
繡線 40 色

繡線抽線   **戳針工具組介紹**

3

將抽出的繡線再組成需要使用的股
數。

2

一手捏住整束繡線不放開，一手抽出
1 股線。
※ 注意重點：抽線時，每次只抽出 1
股線。

1

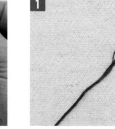

繡線是由多股線捻成，因此穿針線
前，需先從線頭將每股線分開，方便
取線。
※ 每次使用的繡線長度約 100cm。

繡線刺繡針組（中針＋粗針＋穿線片）
※ 藉由移動刺繡針上的刻度數字，
可控制立體繡的線圈長度。

基本穿針法

4

穿入針眼

穿線片由外面往斜口的方向穿入針
眼。

3

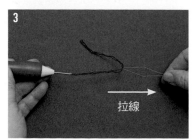

拉線

拉線

將穿線片往外拉，直到將繡線拉出刺
繡針頭後，分開穿線片及繡線。

2

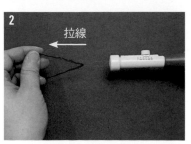

拉線

穿線片鐵絲圈穿出握柄尾端後，將繡
線穿過穿線片鐵絲圈，拉出約一個手
指頭長度。

1

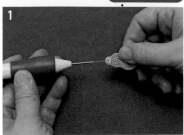

穿線片由刺繡針斜口穿入。

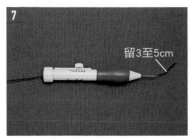

7

留3至5cm

分開穿線片及繡線，線頭留3至5cm。

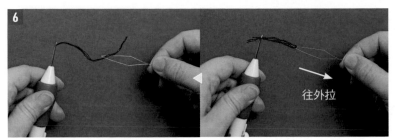

6

往外拉

將穿線片往外拉，直到將繡線拉出針眼。

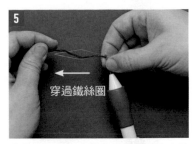

5

穿過鐵絲圈

將繡線頭穿過穿線片鐵絲圈，拉出約一個手指頭長度。

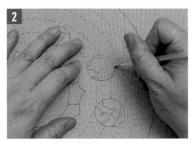

2

使用熱消筆拓圖。筆畫速度儘量放慢，且需重複描畫。
※ 熱消筆描畫後，需等待1至2秒才會見到清楚的線條。

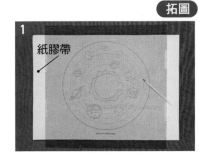

1 拓圖

紙膠帶

紗網拓圖。由下而上依序疊放圖稿→紗網，並以紙膠帶固定位置。

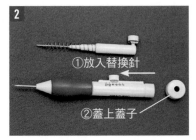

2

①放入替換針
②蓋上蓋子

放入替換針，讓鐵片順著溝槽滑入，栓緊旋鈕，蓋上蓋子。

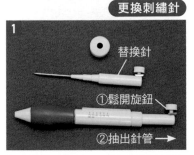

1 更換刺繡針

替換針
①鬆開旋鈕
②抽出針管

打開刺繡針管蓋子，鬆開刺繡針旋鈕並抽出。

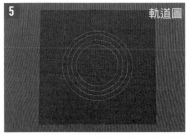

5 軌道圖

將拓圖時被行星分開的線段自行補滿圓弧，畫成完整的軌道圓圈。

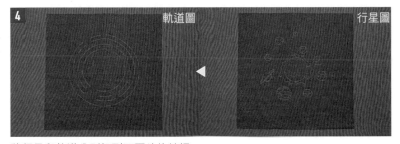

4 軌道圖　　　　行星圖

將行星與軌道分別拓到不同片的紗網。
※ 行星圖，完成後的方向會左右相反。
※ 軌道圖，依原寸刺繡圖案避開行星畫圓弧，呈現不連續的圓圈。

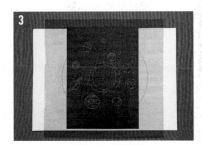

3

檢查是否拓圖成功。掀開一邊紗網，以深色紙墊在下面做檢查，確認拓圖完整，才能完全拿掉紙膠帶。

3

此示範作品的軌道使用金色金蔥線。但也可以依自己喜好使用單一個顏色，或使用不同色。

2

原寸刺繡圖案的太陽中心大圓的空間不作分區，保留給個人自由發揮，作不規則的填滿。選定混合顏色後，在範圍內任意刺繡（形狀大小不拘），繡完一色，再繡另一色，直到填滿區域。

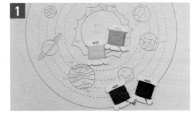

1 規劃刺繡區域的顏色

除了依原寸刺繡圖案標示的配色完成作品，你也可以自行設計每個行星想要的配色──將繡線擺放在圖案旁，看看效果。確定後，再在圖稿上註記顏色吧！

3

讓線頭留在背面約3至5cm。

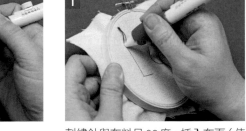

2

在背面拉出線頭。

1 刺繡針法／平針繡

刺繡針與布料呈90度，插入布面（使針端整個在布面下）。
※ 為了清楚理解針法走線，以下針法使用練習布料示範。

設定刺繡針

先將刺繡針刻度設定在7：以旋鈕側邊的鐵片中央為基準點，定位對齊刻度7（6、8中間）的位置。※ 初學者建議將刺繡針刻度定在5至7的位置，比較容易上手。

4

斜口保持正對前進方向（朝自己的方向），針沿著布面移動（針尖盡量不離開布面），且每針都要戳到底。

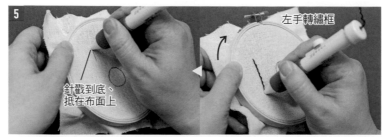
5

左手轉繡框

針戳到底、抵在布面上

進行至轉彎處時，將針戳到底、抵在布面上，轉動繡框。

6

再繼續依線條，朝自己的方向前進刺繡。

7

刺繡完成後，翻到背面，將靠近刺繡針針眼的線拉出一些，形成迴圈。

8

剪線。從步驟 7 拉出的迴圈中間剪開。
※ 注意不要剪得太靠近針眼，以防線脫落需重新穿線。

9

確定線剪斷後，再將刺繡針抽離布料。

在布料背面繡平針繡，正面就是立體繡 立體繡

1

翻至背面進行平針繡（改為將線頭拉到正面，留約 3 至 5cm）。

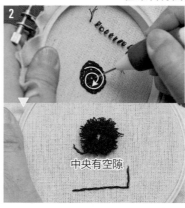
2

以螺旋狀由外往內捲入的方向，平針繡填滿區域。填滿後，正面即呈現立體繡效果。
※ 如只以平針繡順向填滿區塊，正面的立體繡會有空隙。

中央有空隙

3

在中間區塊隨意多繡幾針，使正面的立體繡填補完整。

4

刺繡完成後，翻到正面，將靠近刺繡針針眼的線拉出一些。

5

剪線。依旁邊立體迴圈的高度，將線剪斷後，刺繡針抽離布料。

6

檢視正面立體繡的迴圈高度，將高出的線條修剪整齊。

繡框背面

繡框正面

繡出星空小宇宙！

※ **原寸刺繡圖案：**紙型 A 面（含繡線參考色號）
※ 【行星】全部為立體繡／使用繡線刺繡針 ‧ 中針／刺繡針刻度 7 ／ 3 股繡線
※ 【軌道】全部為平針繡／使用繡線刺繡針 ‧ 粗針／刺繡針刻度 7 ／ 6 股繡線（1 束）

繃繡框

完成行星＆軌道的拓圖後，將 2 片紗網置中相疊，線條清晰面都朝外。因行星的繡圖面積較多且大，為了方便刺繡，繃繡框時先讓行星線條面繃在繡框正面，軌道線條面繃在繡框背面。

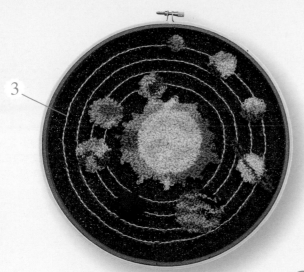

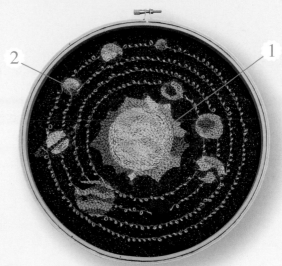

刺 繡 順 序

3
【軌道】平針繡

改將軌道線條面繃在繡框正面，
行星線條面繃在繡框背面，
再從繡框正面沿著軌道線條進行平針繡。

2
【太陽行星光芒＆小行星】立體繡

依原寸刺繡圖案標示，
由外往內以平針繡螺旋狀地填滿各區域。

※ 太陽行星光芒＆小行星
若有相同顏色的區塊但分散開來時，
可將同樣顏色一起繡完後再換另一色。

1
【太陽行星中央大圓】立體繡

參見 P.57「規劃刺繡區域的顏色」 2，
先完成大範圍的不規則填滿。

繡框收尾

立體繡的特別處理

2

將紗網繃到繡框上，用手壓繡框的內
外框，讓白膠加強黏著。

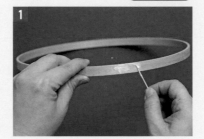

1

在內框外側塗一圈白膠。

【正面・造型立體迴圈】
將白膠塗在立體迴圈處，調整位置，
可讓形狀更明顯。

【背面・線頭線尾】
把白膠點在線的頭尾處，加強固定。
※ 白膠乾後，會呈現透明狀。

加皮革條

3

將螺絲放回原處並栓緊。

2

將皮革條對摺，放入繡框的螺絲擋片
中間。

1

一手轉開繡框的螺絲，另一手壓在螺
絲下方的外框開口處（避免外框鬆
開）。

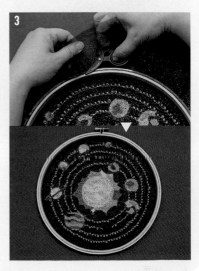

3

待白膠乾後，將紗網沿
著繡框邊緣修剪乾淨。

☑ 不需要攤開大張紙型複寫。
☑ 已含縫份，列印後只需沿線裁下就能使用。
☑ 免費下載。

直接列印
含縫份的紙型吧！

No.05
眼鏡袋

No.02
小熊與氣球
刺繡圖案

No.01
摺疊袋

本期刊載的部分作品，
可以免費自行列印含縫份的紙型。

No.30
附提把
眼鏡袋

No.16
馬賽克小熊
束口包

那麼，立刻試著
動手列印吧！

No.38
洋牡丹刺繡袱紗

No.37
目出鯛擺飾

No.32
零錢包

3

點選＜カートに入れる（放入購物車）＞

進入COTTON FRIEND PATTERN SHOP

1

https://cfpshop.stores.jp/
※作法頁面也有QR Code及網址。

COTTON FRIEND PATTERN SHOP

HOME ITEM CATEGORY

4

點選＜ゲスト購入する（訪客購買）＞

カートに入っているアイテム

アイテム名	価格	個数	小計
CF85（2022冬号）No.14 めで鯛タペストリー	¥0	1	¥0
		合計	¥0

ログインして購入する

ゲスト購入する

ショッピングを続ける

選擇要下載的紙型，點一下。

2

HOME ITEM CATEGORY

CF85（2022冬号）No.14 めで鯛タペストリー
¥0

CF85（2022冬号）P.16 十二支お手玉 CF85
（2022冬号）P.16 十二支お手玉

購入者さま

お名前　布田　友子

電話番号　0300000000
※半角数字のみ・ハイフンなし

メールアドレス　cottonfriend@mail.co.jp

オプション

填寫必填欄位後，點按
＜内容のご確認へ（內容確認）＞

・請填入姓名、電話與電子郵件信箱。
・若不加入會員，也不需收到電子報與最新資訊，
　可將下方的＜情報登録＞取消勾選。

☑ 以下に同意する（必須）

COTTON FRIEND PATTERN SHOP の利用規約 と プライバシーポリシー

STORES のプライバシーポリシー

注文する

返品・返金について

このサイトは reCAPTCHA で保護されています。Google の利用規約 と プライバシーポリシー が適用されます。

特定商取引法に関する表記 / 利用規約 / プライバシーポリシー / よくある質問

點選＜注文する（購買）＞

・請確認以上內容，勾選＜以下に同意する（同
　意）＞，再點選＜注文する（購買）＞。

ご購入ありがとうございます

下記よりコンテンツのダウンロードをお願いいたします。

CF83_wani.pdf
6.67MB

ダウンロード

ご注文いただくと、お控えのメールがすぐに自動送信されます。
メールが届かない場合は、お手数お掛けいたしますがお問い合わせいただきますようお願いいたします。

オーダー番号　1950762577

CF83（2022夏号）No.47 ワニポーチの縫い代付き型紙
f シェアする 🐦 ツイートする

7

點選＜ダウンロード（下載）＞

確認尺寸的比例尺

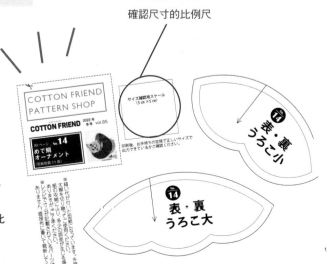

紙型下載完成！

・直接存在桌面，準備列印。
・原寸請使用A4紙張列印（若是設定成「配合紙張大小列印」，
　將無法以正確尺寸印出，請務必加以確認）。
・印出後請務必確認張數無誤，並檢查列印紙上「確認尺寸的比
　例尺」是否為原寸5cm×5cm。

製 作 方 法
COTTON FRIEND 用法指南

作品頁

一旦決定好要製作的作品,請先確認作品編號與作法頁。

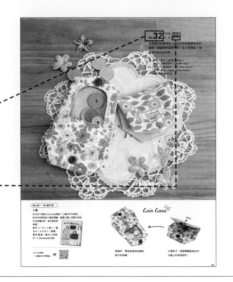

作品編號 ····

作法頁面 ····

作法頁

翻到作品對應的作法頁面,
依指示製作。

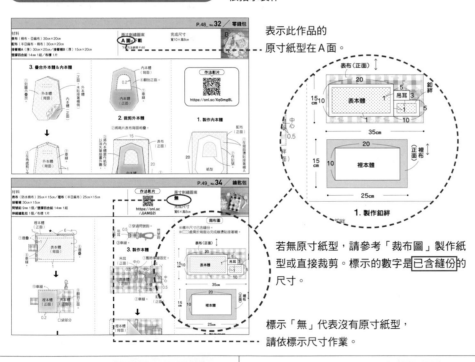

表示此作品的
原寸紙型在A面。

若無原寸紙型,請參考「裁布圖」製作紙型或直接裁剪。標示的數字是 已含縫份 的尺寸。

標示「無」代表沒有原寸紙型,
請依標示尺寸作業。

原寸紙型

原寸紙型共有A·B面。

請依作品編號與線條種類尋找所需紙型。
紙型 已含縫份 ,請以牛皮紙或描圖紙複寫粗線使用。

金屬配件安裝方式

https://www.boutique-sha.co.jp/cf_kanagu/

圖文對照的簡明解說固定釦、磁釦、彈簧壓釦、四合釦及雞眼釦的安裝方式。

※亦收錄於繁體中文版《手作誌54》別冊「手作基礎講義」P.35至P.39。

下載紙型

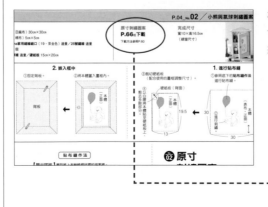

標示下載紙型的作品,可自行使用電腦等下載已含縫份的紙型。印出後即可直接裁切使用。有關紙型下載參照P.60。

原寸刺繡圖案
P.66 或下載
下載方法參照P.60

基礎作法

三摺邊

例：「依1cm→2cm寬度三摺邊」

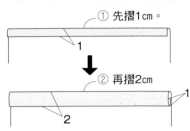

① 先摺1cm。
1

② 再摺2cm
1
2

褶襇摺法

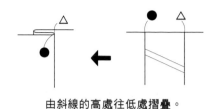

由斜線的高處往低處摺疊。

立針縫

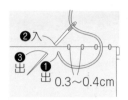

❷入
❸出
❶出
0.3～0.4cm

斜布條端部的處理方式

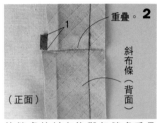

重疊。2
1
斜布條（背面）
（正面）

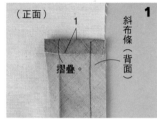

（正面）
1
摺疊。
斜布條（背面）
1

終縫處的斜布條與起縫處重疊1cm，其餘剪掉。不回針地結束車縫。

起縫處的斜布條摺疊1cm，不回針，直接前進車縫。

以四摺斜布條滾邊的作法

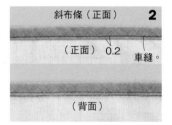

斜布條（正面）
2
（正面）0.2
車縫。
（背面）

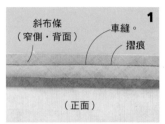

斜布條（窄側・背面）
車縫。
摺痕
1
（正面）

斜布條反摺至本體背面包捲，遮住步驟1的針趾，再從正面車縫固定。

展開斜布條的窄側，將窄側邊對齊本體布端，沿斜布條的摺痕車縫。

刺繡針法

緞面繡

1. 從中心開始繡上半部。

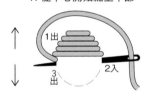

1出
3出
2入

2. 從中心開始繡下半部。

法國結粒繡

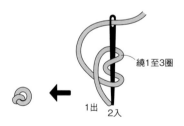

繞1至3圈
1出
2入

直線繡

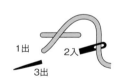

1出
2入
3出

鎖鏈繡

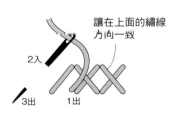

2入
3出
1出
掛線

釦眼繡

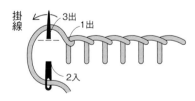

掛線
3出
1出
2入

輪廓繡

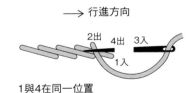

→ 行進方向
2出 4出 3入
1入

1與4在同一位置

十字繡

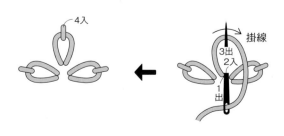

讓在上面的繡線方向一致
2入
3出 1出

雛菊繡

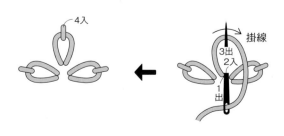

4入
掛線
3出
2入
1出

回針繡

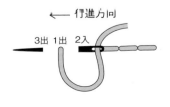

← 行進方向
3出 1出 2入

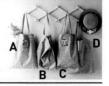

材料
表布（棉布）55cm×90cm
配布（印花圖案）適量
DMC25號繡線（顏色參照P.97）

原寸刺繡圖案
P.97 或 **下載**
下載方法參照 P.60

完成尺寸
寬31×高39cm
（提把50cm）

⑧打開摺痕，
修剪縫份。

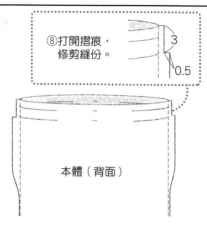

本體（背面）

4. 分別縫上口袋＆提把
②暫時車縫固定。

①翻到正面。

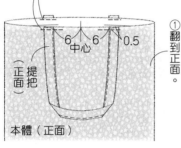

6 6 0.5
中心
（正面）提把
本體（正面）

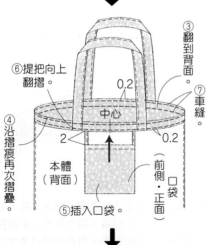

⑥提把向上翻摺。
0.2
③翻到背面。
⑦車縫。
④沿摺痕再次摺疊。
中心
2
0.2
本體（背面）
⑤插入口袋。
（前側・正面）口袋

le chlore,
J' adore!
本體（正面）
⑧翻到正面。

3. 製作本體
①擷取配布的圖案，
以平針縫固定。

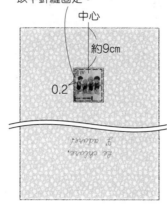

中心
約9cm
0.2

③燙開縫份。
②對摺車縫。
④翻到背面。

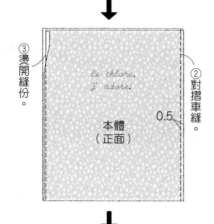

le chlore,
J' adore!
本體（正面）
0.5

④翻到背面。
⑤車縫。

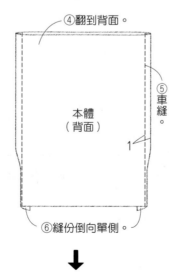

本體（背面）
1
⑥縫份倒向單側。

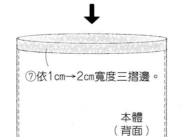

⑦依1cm→2cm寬度三摺邊。
本體（背面）

裁布圖
※標示尺寸已含縫份。
※本體先完成刺繡再裁剪。

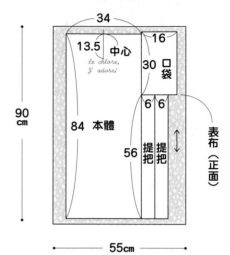

34
13.5 中心
16
30 口袋
le chlore, J'adore!
90 cm
84 本體
6 6
56 提把 提把
表布（正面）
55cm

1. 製作提把
①摺四褶。

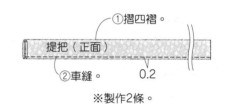

提把（正面）
②車縫。 0.2
※製作2條。

2. 製作口袋
①Z字車縫布邊。

②依1cm→1cm寬度三摺邊車縫。
0.2
口袋（背面）
口袋（背面）

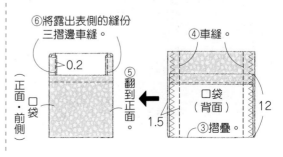

⑥將露出表側的縫份三摺邊車縫。
0.2
④車縫。
⑤翻到正面。
（正面・前側）口袋
口袋（背面）
1.5
③摺疊
12

64

材料
表布（棉布）65cm×30cm／配布（棉布）30cm×35cm
硬紙板（厚2mm）A4尺寸 3張
肯特紙或卡紙 A4尺寸 2張／沾水膠帶 適量
半紙（日本紙）或影印紙 A4尺寸 適量／棉織帶 寬1cm 長60cm

詳細作法看這裡

https://www.
boutique-sha.co.jp/c-box/
※亦可參照繁體中文版
《手作誌62》P.84至P.86。

原寸紙型
無

完成尺寸
寬20×長9.2×高4.4cm

---

2. 在盒身貼上表布

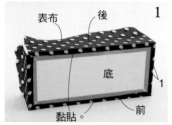

表布裁成56cm×6cm，底側＆後側預留1cm摺份，依圖示以白膠貼上表布。

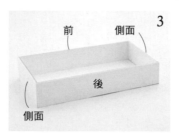

在四個位置（側面×2・前・後面）貼上肯特紙。

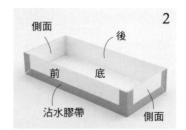

在盒身外側貼上沾水膠帶。

1. 製作盒身

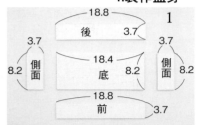

裁切硬紙板，以白膠黏貼成盒型。先組合側面，再組合前後面。

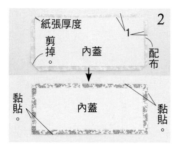

內後＆內底相隔0.1cm黏貼。依步驟2修剪邊角後，僅黏貼內後上側的摺份。內前也依步驟2黏貼修剪，僅黏貼上下摺份。

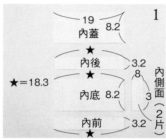

貼上配布，預留1cm摺份，修剪配布四周。邊角預留紙張厚度斜裁，將配布摺份貼到肯特紙上。

3. 黏貼內側片

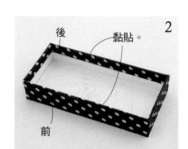

裁切肯特紙。

將上側的摺份摺入盒身內側黏貼。

---

4. 製作盒蓋

沿硬紙板邊，摺疊表布摺份＆黏貼固定。

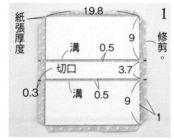

依圖示尺寸裁切硬紙板，貼上表布，預留1cm摺份進行修剪。邊角預留紙張厚度斜裁，並在溝旁剪0.3cm切口（共4處）。

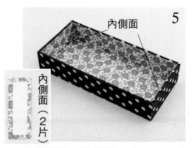

將修剪的肯特紙放入內側面，確認尺寸是否無誤，若太長可再修剪調整。接著依步驟2、3貼上配布，再貼至盒內。

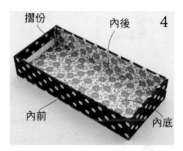

在盒底塗白膠，貼合內底。在內後塗白膠，貼合內後。兩端摺份貼至側面，內前也依內後作法貼合。

將內蓋貼至圖示的表蓋位置。

盒身對齊表底端黏合。

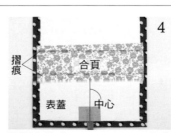

將配布裁成18.6cm×7cm，在背面貼上半紙，製作合頁，並對齊中心貼上。

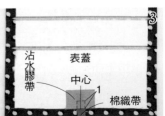

對齊中心，依棉織帶（27cm）→沾水膠帶的順序黏貼。表底側也同樣黏貼。

材料
表布（亞麻布）30cm×30cm
配布（棉布）5cm×5cm
Daruma家用縫線細口（19・茶金色）適量／**25號繡線** 適量
畫框 1個
雙面膠襯 適量／**硬紙板** 15cm×20cm

原寸刺繡圖案
P.66或**下載**
下載方法參照P.60

完成尺寸
寬10×高16.5cm
（內框尺寸）

2. 嵌入框中

②固定背板。

背板

←

①將本體置入畫框內。

（正面）本體

◎

③裁切硬紙板
（配合使用的畫框調整尺寸）。

硬紙板（背面）

④以白膠將本體貼至硬紙板上，剪去多餘部分。

（正面）本體

19.5

13

←

1. 進行貼布縫

①參照底下的**貼布縫作法**進行貼布縫。

（表布・正面）本體

②進行刺繡。

30

30

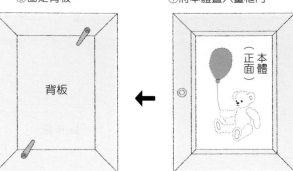
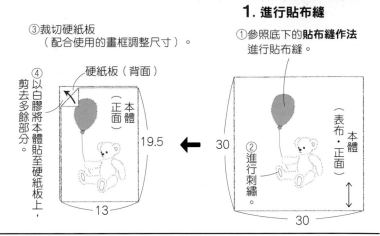

貼布縫作法

【**雙面膠襯**】離型紙上有蜘蛛網狀膠的接著襯。

2
（雙面膠襯離型紙側）
0.5cm
沿著完成線向外0.5cm處裁剪雙面膠襯。

1
圖案（背面）
（雙面膠襯離型紙側）
將複寫上圖案的紙翻到背面，疊上離型紙側朝上的雙面膠襯，複寫要進行貼布縫的部分。

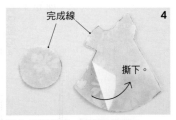

4
完成線
撕下。
沿完成線裁剪，撕下離型紙。

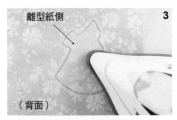

3
離型紙側
（背面）
以熨斗燙貼到貼布縫用布的背面。

6
沿貼布縫外圍進行立針縫。

5
（正面）
以熨斗燙貼到貼布縫位置。

⓪₂原寸 刺繡圖案

※立針縫＆刺繡針法參照P.63。

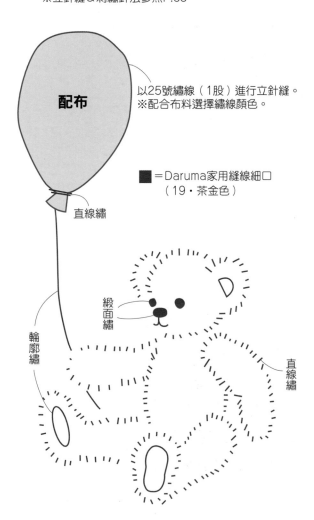

配布

以25號繡線（1股）進行立針縫。
※配合布料選擇繡線顏色。

■＝Daruma家用縫線細口
（19・茶金色）

直線繡

緞面繡

輪廓繡

直線繡

材料
表布（棉布）18cm×20cm／配布（棉布）5cm×5cm
雙面膠襯 5cm×5cm
織帶 寬4mm 長55cm／DMC25號繡線（#420）適量

原寸紙型
無

完成尺寸
寬8×高9.5cm

⑤依0.5cm→1.5cm寬度三摺邊。

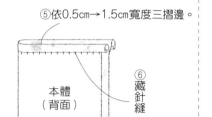

⑥藏針縫。

本體（背面）

織帶穿法

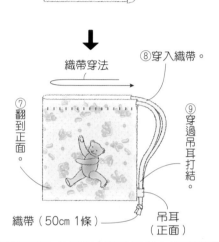

⑦翻到正面。
⑧穿入織帶。
⑨穿過吊耳打結。
織帶（50cm 1條）
吊耳（正面）

2. 製作本體

①對摺織帶（3cm），暫時車縫固定。

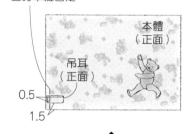

本體（正面）
吊耳（正面）
0.5
1.5

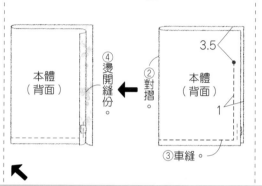

④燙開縫份。
本體（背面）
②對摺。
3.5
1
③車縫。

裁布圖

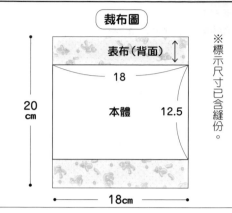

※標示尺寸已含縫份。
表布（背面）
18
20cm
本體 12.5
18cm

1. 進行貼布縫

①擷取配布的圖案，以雙面膠襯貼上。

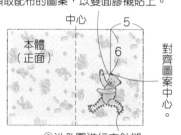

中心
5
6
本體（正面）
對齊圖案中心。
②沿外圍進行立針縫。
（25號繡線・#420・1股）

材料
表布（努比布Nubi）70cm×60cm
※努比布的處理方式參照P.16。
四摺包邊斜布條 寬12mm 長400cm

原寸紙型
A面

完成尺寸
寬38×高17×側身18cm
（提把39cm）

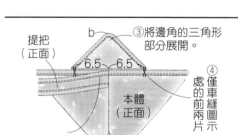

③將邊角的三角形部分展開。
提把（正面）
6.5 6.5
本體（正面）
④僅車縫圖示處的前兩片。
⑤拆下疏縫線。

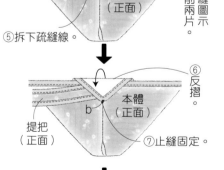

⑥反摺。
本體（正面）
提把（正面）
⑦止縫固定。

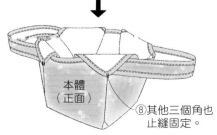

本體（正面）
⑧其他三個角也止縫固定。

2. 車縫本體

接縫提把位置
①疏縫。
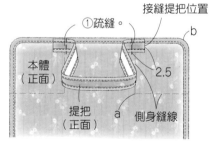
本體（正面）
提把（正面）
2.5
側身縫線
a

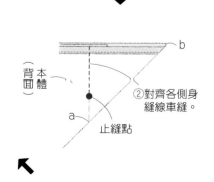

本體（背面）
②對齊各側身縫線車縫。
止縫點
a
b

裁布圖

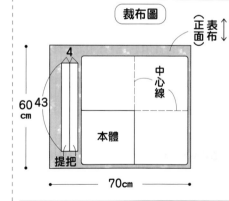

※提把無原寸紙型，請依標示尺寸直接裁剪（已含縫份）
表布（正面）
4
中心線
60 43 cm
本體
提把
70cm

1. 以斜布條包邊

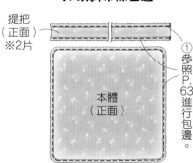

提把（正面）※2片

本體（正面）
①參照P.63進行包邊

材料
表布（棉布）20cm×20cm
配布A（棉布）5cm×25cm／**配布B**（羊毛布）10cm×10cm
裡布（棉布）20cm×20cm／**緞帶** 寬9mm 長10cm
DMC25號繡線（#931）適量／**毛線**（並太）25cm
雙面膠襯 10cm×10cm／**鋪棉** 20cm×20cm

原寸貼布縫圖案
P.68或**下載**
下載方法參照P.60

完成尺寸
寬8×高15.5cm
（提把18cm）

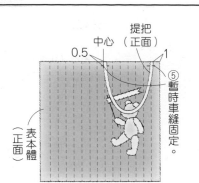

中心
提把（正面）
0.5
1
⑤暫時車縫固定。
表本體（正面）

4. 疊合表本體＆裡本體

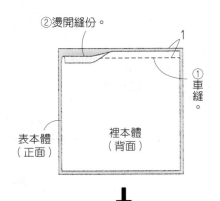

②燙開縫份。
①車縫。
表本體（正面）
裡本體（背面）
1

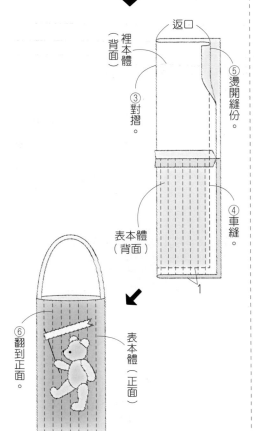

返口
裡本體（背面）
③對摺。
⑤燙開縫份。
④車縫。
表本體（背面）
1
⑥翻到正面。
表本體（正面）
⑦返口內摺1cm，進行縫合。

1. 進行貼布縫

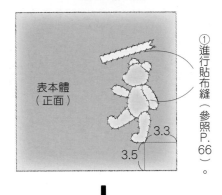

①進行貼布縫（參照P.66）。
表本體（正面）
3.3
3.5

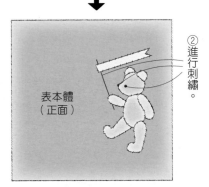

②進行刺繡。
表本體（正面）

2. 進行壓線

①將鋪棉（15cm×15cm）疊至背面，疏縫四周。

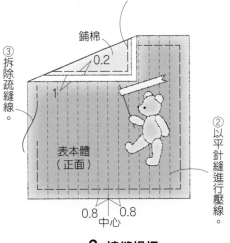

③拆除疏縫線。
鋪棉
0.2
1
表本體（正面）
②以平針縫進行壓線。
0.8　0.8
中心

3. 接縫提把

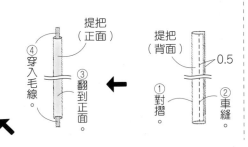

提把（正面）
提把（背面）
④穿入毛線。
③翻到正面。
①對摺。
②車縫。
0.5

裁布圖
※標示尺寸已含縫份。

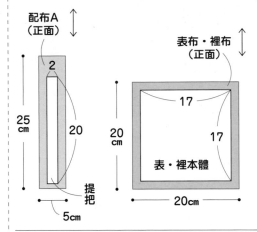

配布A（正面）
2
25cm
20
提把
5cm

表布・裡布（正面）
17
17
表・裡本體
20cm
20cm

No.05 原寸 貼布縫圖案
DMC25號繡線（#931）
※立針縫＆刺繡針法參照P.63。

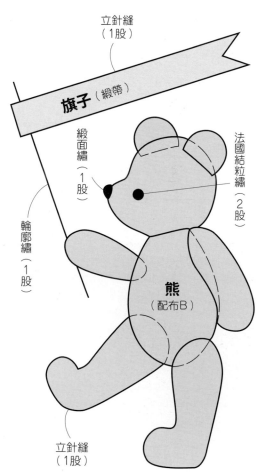

立針縫（1股）
旗子（緞帶）
緞面繡（1股）
法國結粒繡（2股）
輪廓繡（1股）
熊（配布B）
立針縫（1股）

材料
表布（華夫格針織布waffle knit）90cm×55cm
裡布（棉密織平紋布）110cm×55cm
※華夫格針織布的處理方式參照P.17。

原寸紙型
A面

完成尺寸
寬30×高23.5×側身8cm
（提把49cm）

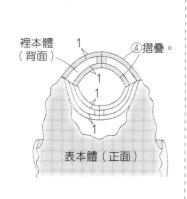

裡本體（背面）　①　④摺疊。
表本體（正面）
※另一側提把作法亦同。

⑤車縫。　0.2
0.2
表本體（正面）
裡本體（正面）

⑦車縫。　0.2　⑥對摺。
裡本體（正面）　9　9
表本體（正面）

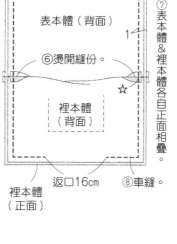

表本體（正面）
⑥燙開縫份。　1
裡本體（背面）
⑦表本體&裡本體各自正面相疊。
返口16cm　⑧車縫。
裡本體（正面）

⑨燙開縫份。
表本體（背面）　脇邊線
⑩對齊脇邊線&底中心線車縫。8
⑪剪去多餘部分。
表本體（背面）　1
※另一側&裡本體作法亦同。

3. 縫上提把
②提把正面相對車縫。
③燙開縫份。
裡本體（背面）　1
①翻到正面。
表本體（正面）

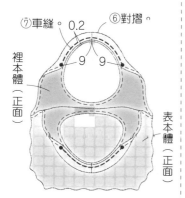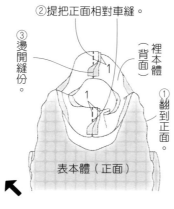

2. 疊合表本體&裡本體

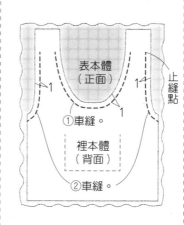
表本體（正面）
①車縫。
裡本體（背面）
②車縫。　止縫點

③對齊裡本體裁剪。
④在弧邊剪牙口。
裡本體（背面）
表本體（正面）

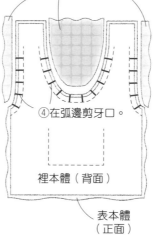
⑤翻到正面。
表本體（正面）　☆
※另一組作法亦同。

裡本體（背面）

裁布圖
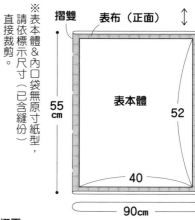
摺雙　表布（正面）
表本體　52
55cm　40　90cm

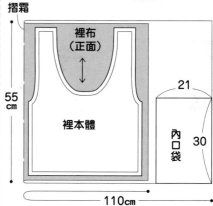
摺雙
裡布（正面）
55cm　裡本體　內口袋　21　30
110cm

1. 縫上內口袋
①對摺。　1
內口袋（背面）　②車縫。
返口10cm
0.2　摺雙側
④車縫　內口袋（正面）　③翻到正面。

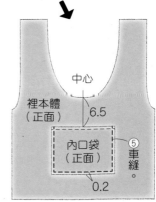
中心
裡本體（正面）　6.5
內口袋（正面）　⑤車縫　0.2

69

材料

表布（霧光合成皮shiny fake leather）80cm×70cm
※霧光合成皮的處理方式參照P.18。

金屬拉鍊 20cm 1條／**問號鉤** 9mm 2個
D型環 9mm 2個／**塑膠四合釦** 14mm 1組

圓角紙型
P.70

完成尺寸
寬21×高12cm

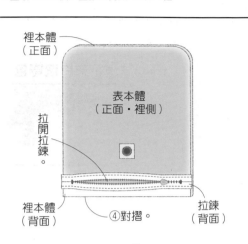

裡本體（正面）

表本體（正面・裡側）

拉開拉鍊。

裡本體（背面）

④對摺。

拉鍊（背面）

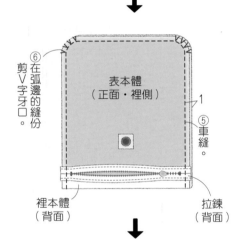

⑥在弧邊的縫份剪V字牙口。

表本體（正面・裡側）

1
⑤車縫。

裡本體（背面）

拉鍊（背面）

---

⑦從拉鍊開口翻到正面。

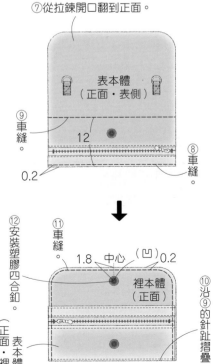

表本體（正面・表側）

⑨車縫。

12

⑧車縫。

0.2

---

⑫安裝塑膠四合釦

⑪車縫

1.8　中心　（凹）0.2

裡本體（正面）

⑩沿⑨的針趾摺疊。

（正面・裡側）表本體

2. 縫上口袋

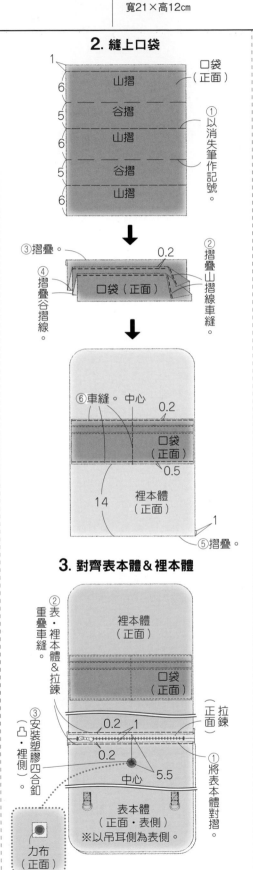

1
6 山摺
5 谷摺
6 山摺
5 谷摺
6 山摺

口袋（正面）

①以消失筆作記號。

---

③摺疊。
④摺疊山摺線車縫。
0.2

②摺疊山摺線車縫。

口袋（正面）

摺疊谷摺線。

---

⑥車縫。 中心
0.2

口袋（正面）

0.5

14

裡本體（正面）

1
⑤摺疊。

3. 對齊表本體＆裡本體

裡本體（正面）

口袋（正面）

表・裡本體＆拉鍊重疊車縫。

（正面）拉鍊

③安裝塑膠四合釦

0.2　1
0.2

中心　5.5

①將表本體對摺

表本體（正面・表側）
※以吊耳側為表側。

力布（正面）

※在表本體的裡側縫上防止綻開的力布。

裁布圖

※標示尺寸已含縫份。
※——處是以圓弧紙型描畫弧邊。

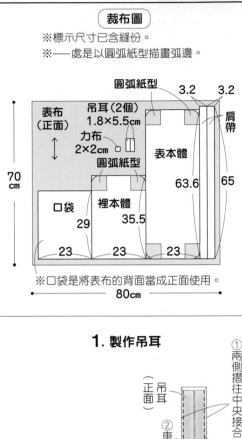

圓弧紙型　3.2　3.2
表布（正面）
吊耳（2個）1.8×5.5cm
力布 2×2cm
肩帶
圓弧紙型
表本體
70cm
63.6　65
口袋 29
裡本體 35.5
23　23　23
80cm

※口袋是將表布的背面當成正面使用。

1. 製作吊耳

①兩側摺往中央接合。

吊耳（正面）

②車縫。
0.2

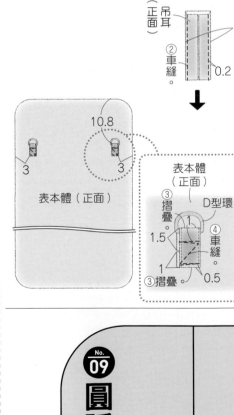

10.8

3　3

表本體（正面）

表本體（正面）

摺疊。
1.5
③摺疊。
1

D型環
④車縫。
0.5

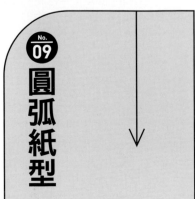

No.09
圓弧紙型

⬇

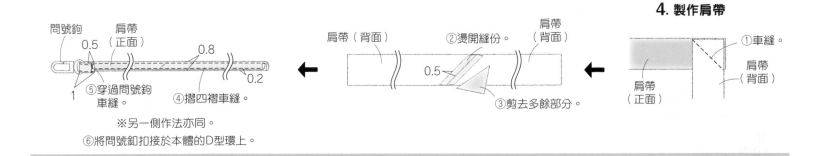

問號鉤

肩帶（正面）

0.5

0.8

0.2

1

⑤穿過問號鉤車縫。

④摺四褶車縫。

※另一側作法亦同。

⑥將問號釦扣接於本體的D型環上。

肩帶（背面）

②燙開縫份。

0.5

肩帶（背面）

③剪去多餘部分。

4. 製作肩帶

①車縫。

肩帶（背面）

肩帶（正面）

P.17_No.08／爆米花束口波奇包

材料
表布A（華夫格針織布）25cm×30cm ※華夫格針織布的處理方式參照P.17。
配布（精梳細棉布）35cm×20cm／裡布（平織布）25cm×45cm
接著襯（薄）25cm×20cm／圓繩 粗4mm 長120cm

原寸紙型
無

完成尺寸
寬21×高19cm

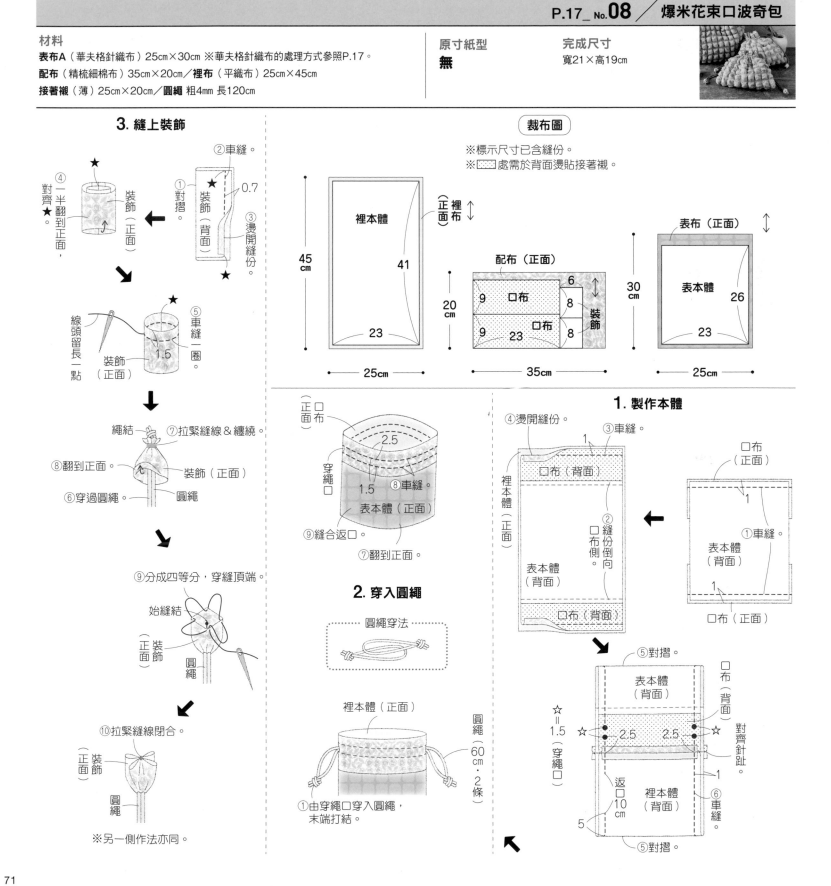

3. 縫上裝飾

④一半翻到正面，對齊★。

②車縫。

①對摺。

裝飾（正面）

裝飾（背面）

0.7

③燙開縫份。

⑤車縫一圈。

裝飾（正面）

線頭留長一點

裝飾（正面）

1.5

⑦拉緊縫線＆纏繞。

繩結

⑧翻到正面。

裝飾（正面）

⑥穿過圓繩

圓繩

⑨分成四等分，穿縫頂端。

始縫結

正面裝飾（正面）

圓繩

⑩拉緊縫線閉合。

正面裝飾

圓繩

※另一側作法亦同。

裁布圖

※標示尺寸已含縫份。

※ □ 處需於背面燙貼接著襯。

裡本體（正裡布）

45cm

41

23

25cm

配布（正面）

9 口布

9 口布

23

6

8

8

裝飾

20cm

35cm

表布（正面）

表本體

30cm

26

23

25cm

正口面布

2.5

穿繩口

1.5

⑧車縫。

表本體（正面）

⑨縫合返口。

⑦翻到正面。

2. 穿入圓繩

圓繩穿法

裡本體（正面）

圓繩（60cm・2條）

①由穿繩口穿入圓繩，末端打結。

1. 製作本體

④燙開縫份。

③車縫。

1

口布（背面）

裡本體（正面）

②縫份倒向口布側。

表本體（背面）

口布（背面）

口布（正面）

1

①車縫。

表本體（背面）

1

口布（正面）

⑤對摺。

表本體（背面）

口布（背面）

☆=1.5（穿繩口）

2.5 2.5

☆

對齊針趾。

返口10cm

裡本體（背面）

1

⑥車縫。

5

⑤對摺。

71

材料
表布（羊駝絨）110cm×45cm
裡布（厚聚酯纖維）110cm×65cm
出芽 粗5mm 長240cm
皮革提把（手縫式）長40cm 1組

原寸紙型
A面

完成尺寸
寬29×高27.5×側身15cm
（提把30cm）

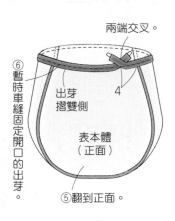

⑥暫時車縫固定開口的出芽。
兩端交叉。
4
出芽摺雙側
表本體（正面）
⑤翻到正面。

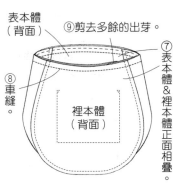

表本體（背面）
⑨剪去多餘的出芽。
⑧車縫
裡本體（背面）
⑦表本體＆裡本體正面相疊。

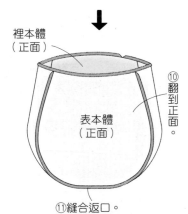

裡本體（正面）
⑩翻到正面。
表本體（正面）
⑪縫合返口。

4. 接縫提把

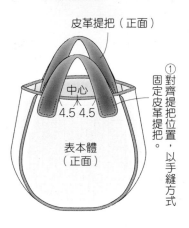

皮革提把（正面）
中心
4.5 4.5
表本體（正面）
①對齊提把位置，固定皮革提把，以手縫方式

③摺疊三邊的縫份。
1　1
1
內口袋（背面）

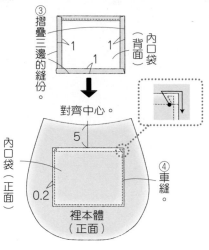

對齊中心。
5
內口袋（正面）
0.2
④車縫。
裡本體（正面）

3. 製作本體

出芽滾邊的作法參照P.73。

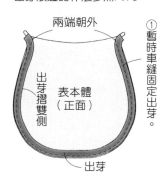

兩端朝外
①暫時車縫固定出芽。
出芽摺雙側
表本體（正面）
出芽

※另一片表本體也同樣進行出芽滾邊。

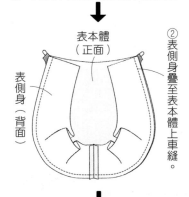

表本體（正面）
②表側身疊至表本體上車縫。
表側身（背面）

④剪去多餘的出芽。

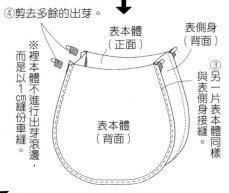

表本體（正面）
表側身（背面）
③另一片表本體同樣與表側身接縫。
※裡本體不進行出芽滾邊，而是以1cm縫份車縫。
表本體（背面）

裁布圖

※內口袋無原寸紙型，請依標示尺寸（已含縫份）直接裁剪。

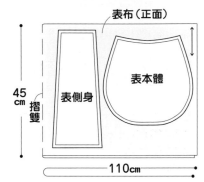

表布（正面）
45cm
摺雙
表側身
表本體
110cm

裡布（正面）
摺雙
65cm
裡側身
裡本體
裁剪後重新摺疊。
內口袋 17
20
110cm

1. 車縫側身

②燙開縫份。
裡側身（背面）
裡側身（正面）
裡側身（背面）
裡側身（正面）
返口8cm
1
①車縫。

※表側身無返口，其餘作法相同。

2. 製作內口袋

①依1cm→1cm寬度三摺邊。

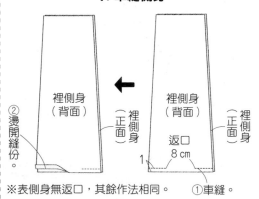

②車縫。
0.2
1 1
內口袋（背面）

出芽滾邊的作法

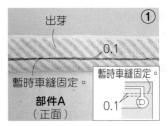

④翻到正面，整理形狀。

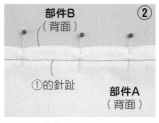

③在①的針趾向下0.1cm處車縫。

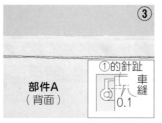

②要縫合的部件疊至①的出芽上，從①的針趾側以珠針固定。

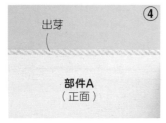

①對齊本體＆出芽邊端，在出芽的針趾向上0.1cm處車縫，暫時固定。

P.20 _ No.11 ／ 室內鞋

材料
表布（羊羔絨）70cm×40cm　※羊羔絨的處理方式參照P.21。
配布（止滑布）30cm×30cm
裡布（毛絨布）50cm×65cm
鋪棉（薄）100cm×40cm

原寸紙型
A面

完成尺寸
（女鞋尺寸）23至24cm

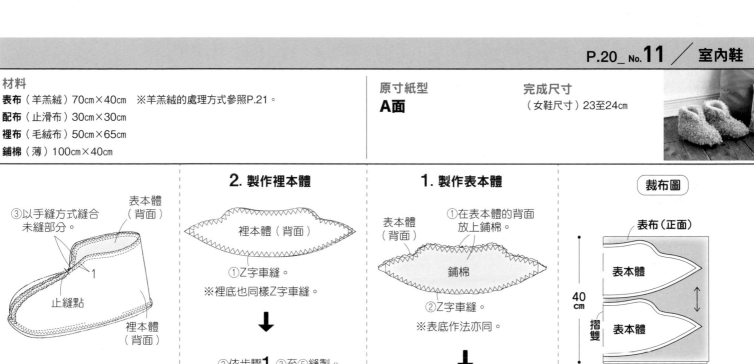

---

1. 製作表本體

①在表本體的背面放上鋪棉。

鋪棉

②Z字車縫。

※表底作法亦同。

止縫點
前中心
表本體（背面）
③對摺。
④車縫。

止縫點
表本體（背面）
⑤燙開縫份。

前中心
表底（背面）
表本體（背面）
⑥對齊合印，將表本體＆表底正面相疊。
⑦車縫。

---

2. 製作裡本體

裡本體（背面）

①Z字車縫。

※裡底也同樣Z字車縫。

②依步驟**1.**③至⑤縫製。

前中心
裡底（背面）
③對齊合印，將裡本體＆裡底正面相疊。
返口8cm
④預留返口車縫。
裡本體（背面）

---

3. 套疊表本體＆裡本體

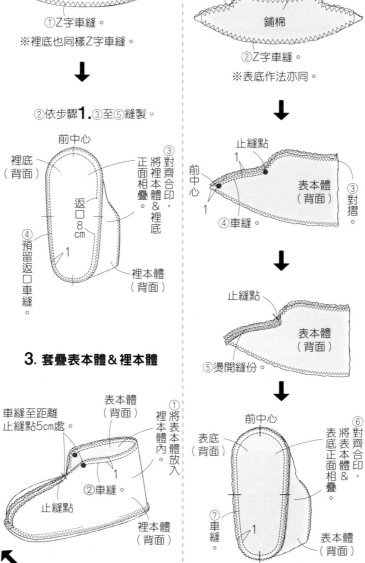

車縫至距離止縫點5cm處。
表本體（背面）
①將表本體放入裡本體內。
②車縫。
止縫點
裡本體（背面）

⑥表本體翻到正面。

※另一隻鞋作法亦同。

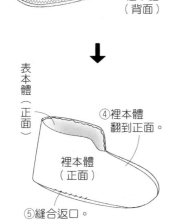

③以手縫方式縫合未縫部分。

表本體（背面）
止縫點
裡本體（背面）

表本體（正面）
④裡本體翻到正面。
裡本體（正面）

⑤縫合返口。

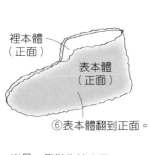

裡本體（正面）
表本體（正面）

裁布圖

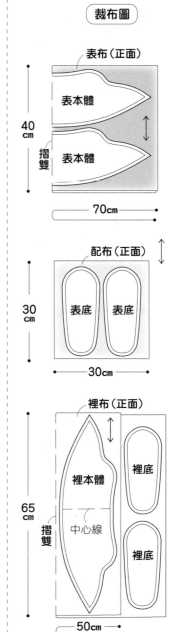

表布（正面）
表本體
表本體
摺雙
40cm
70cm

配布（正面）
表底
表底
30cm
30cm

裡布（正面）
裡本體
中心線
摺雙
裡底
裡底
65cm
50cm

73

材料
表布（羊羔絨）80cm×65cm ※羊羔絨的處理方式參照P.21。
鈕釦 40mm 1個
暗釦 寬22mm 1組

原寸紙型
無

完成尺寸
寬71×長29cm

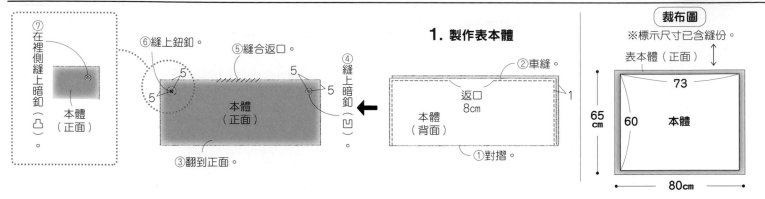

⑦在裡側縫上暗釦（凸）。

⑥縫上鈕釦。
⑤縫合返口。
④縫上暗釦（凹）。
本體（正面）
③翻到正面。

1. 製作表本體
②車縫。
返口 8cm
本體（背面）
①對摺
1

本體（正面）

裁布圖
※標示尺寸已含縫份。
表本體（正面）
73
65cm
60 本體
80cm

材料
表布（棉布）50cm×25cm／**裡布**（棉厚織79號）35cm×30cm
軟襯墊（厚0.3mm）50cm×5cm／**橡膠接著劑** 適量
OdiCoat 防水凝膠 適量／**VISLON拉鍊** 20cm 1條

原寸紙型
A面

完成尺寸
寬42×高29cm
（提把58cm）

⑥沿拉鍊的鍊齒摺半。※拉開拉鍊。
拉鍊（背面）
0.7
⑦車縫。
表本體（背面）
表本體（正面）
0.7
⑧燙開縫份。

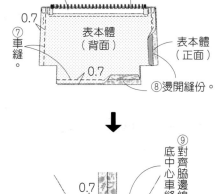
⑨對齊脇邊線&底中心車縫。
0.7

※另一側作法亦同。

⑪將裡本體放入表本體內，接縫於拉鍊布帶上。
裡本體（正面）
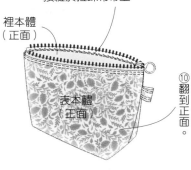
表本體（正面）
⑩翻到正面。

⑤車縫。0.2
④摺疊。
1
裡本體（背面）

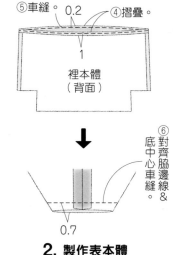
⑥對齊脇邊線&底中心車縫。
0.7

2. 製作表本體
①兩側摺往中心接合。
0.5 0.2 正面 耳絆
②車縫。
0.5
※另一側作法亦同。

③摺疊開口的縫份，以布用雙面膠貼上拉鍊。
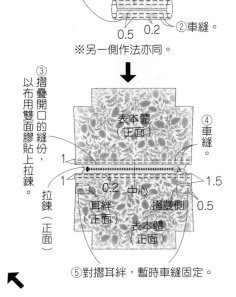
表本體（正面）
④車縫。
1
1 0.2 中心
拉鍊（正面）
耳絆（正面）
摺雙側 0.5
1.5
表本體（正面）
⑤對摺耳絆，暫時車縫固定。

裁布圖
※耳絆無原寸紙型，請依標示尺寸（已含縫份）直接裁剪。
※參照P.22先在表布塗防水凝膠再裁剪。
※ 處需以橡膠接著劑貼上軟襯墊。

耳絆 4×3.5cm
表布（正面）
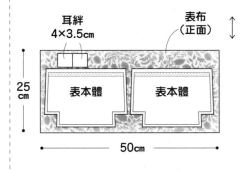
25cm
表本體　表本體
50cm

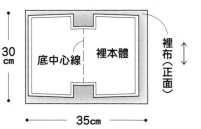
30cm
底中心線　裡本體
裡布（正面）
35cm

※塗上防水凝膠的布料在熨燙時，需墊放烘焙紙等。

1. 製作裡本體

裡本體（正面）
②車縫。
裡本體（背面）
③燙開縫份
0.7
①對摺。

74

材料
表布（棉布）30cm×35cm
五爪釦 10mm 1組
OdiCoat 防水凝膠 適量

原寸紙型
無

完成尺寸
寬12×高25cm
（提把24cm）

---

2. 製作本體

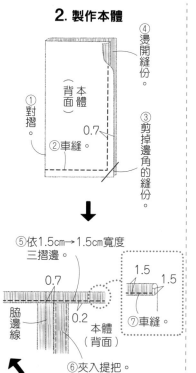

⑧ 提把向上翻。
⑨ 車縫。
0.2
本體（背面）

提把（正面）
（凹·表側）
1
1
⑩ 安裝五爪釦。
（凸·裡側）
本體（正面）

④ 燙開縫份。
① 對摺。
② 車縫。
0.7
③ 剪掉邊角的縫份。
背面 本體

⑤ 依1.5cm→1.5cm寬度三摺邊。
0.7
0.2
脇邊線
本體（背面）
1.5 1.5
⑦ 車縫。
⑥ 夾入提把。

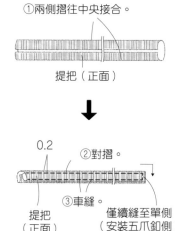

※塗上防水凝膠的布料在熨燙時，需墊放烘焙紙等。

1. 製作提把

① 兩側摺往中央接合。
提把（正面）

0.2
② 對摺。
③ 車縫。
提把（正面）
僅續縫至單側（安裝五爪釦側）

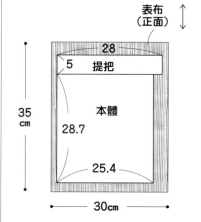

（裁布圖）
※標示尺寸已含縫份。
※參照P.22先在背面塗防水凝膠再裁剪。

表布（正面）
28
5 提把
35 cm
本體
28.7
25.4
30cm

材料（■=A·■=B·■=通用）
表布（棉布）50cm×15cm · 25cm×30cm
OdiCoat 防水凝膠 適量

原寸紙型
無

完成尺寸
寬8×高7×側身8cm

A
B

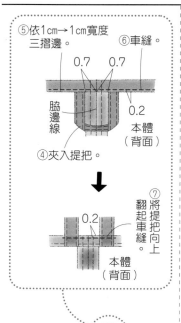

⑤ 依1cm→1cm寬度三摺邊。
⑥ 車縫。
0.7 0.7
脇邊線
0.2
0.2
本體（背面）
④ 夾入提把。
本體（背面）

0.2
⑦ 將翻起提把向上翻起車縫。
本體（背面）

本體（正面）

⑤ 燙開縫份。
⑥ 車縫。
脇邊
0.2
本體（背面）

0.7
本體（背面）
⑦ 對齊脇邊線＆底中心線車縫。

※另一側作法亦同。

2. 接縫提把

① 兩側摺往中央接合。
② 對摺。
0.2
③ 車縫。
提把（正面）

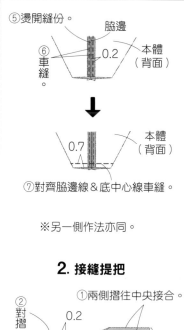

※共製作2條

※塗上防水凝膠的布料在熨燙時，需墊放烘焙紙等。

1. 製作本體
※B從步驟1.-④開始製作。

本體（背面）
本體（正面）
① 車縫。
0.7

② 燙開縫份。
本體（背面）
0.2
③ 車縫。

④ 車縫。
本體（背面）
0.7
本體（正面）

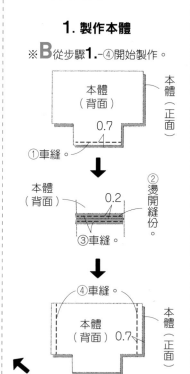

（裁布圖）
※標示尺寸已含縫份。
※參照P.22先在背面塗防水凝膠再裁剪。

A ※圖案有方向性時
表布（正面）
17.4
4
本體 13.7
4
提把
10
4
4
15 cm
摺雙
50cm

B
表布（正面）
17.4
4
本體 13
提把
10
30 cm
4
3.3
4
褶雙
25cm

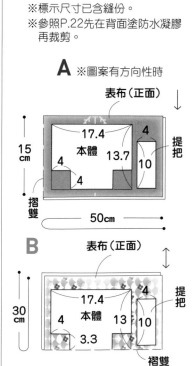

材料
表布（麻布袋）65cm×90cm 1個
配布（11號帆布）112cm×50cm
裡布（棉厚織79號）112cm×110cm
接著襯（厚）100cm×65cm

原寸紙型
無

完成尺寸
寬40×高27×側身14cm
（提把A 25cm・提把B 58cm）

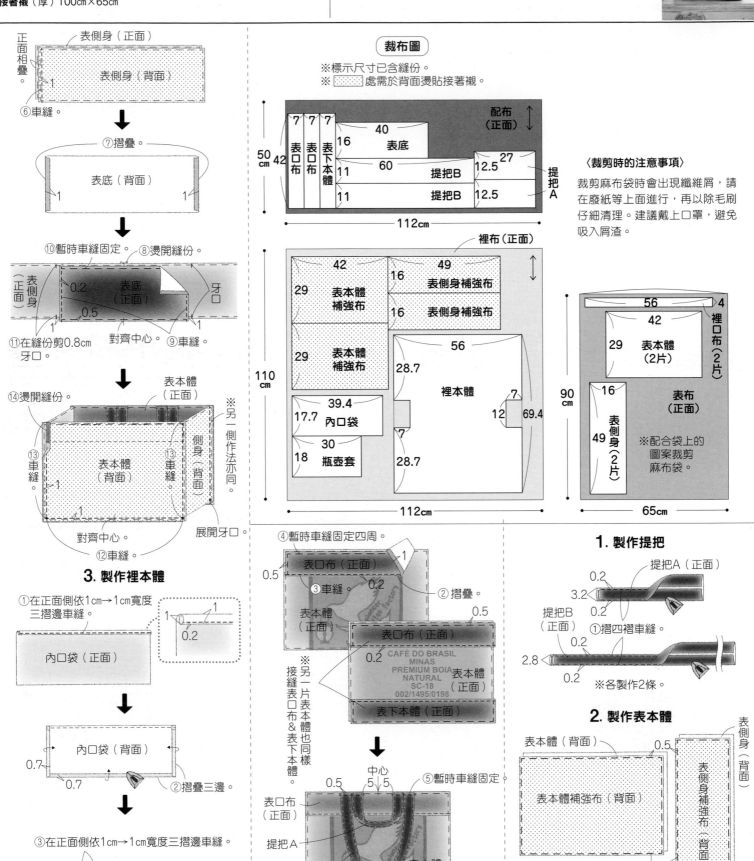

裁布圖

※標示尺寸已含縫份。
※ ▨ 處需於背面燙貼接著襯。

〈裁剪時的注意事項〉
裁剪麻布袋時會出現纖維屑，請在廢紙等上面進行，再以除毛刷仔細清理。建議戴上口罩，避免吸入屑渣。

3. 製作裡本體

1. 製作提把

2. 製作表本體

4. 套疊表本體＆裡本體

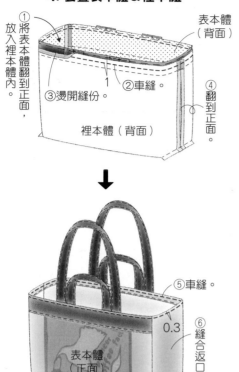

① 將表本體翻到正面，放入裡本體內。
表本體（背面）
③ 燙開縫份。
② 車縫。
④ 翻到正面。
裡本體（背面）

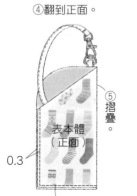

⑤ 車縫。
0.3
⑥ 縫合返口。
表本體（正面）

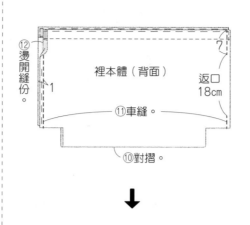

⑫ 燙開縫份。
裡本體（背面）
返口 18cm
1
⑪ 車縫。
⑩ 對摺。

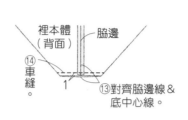

裡本體（背面）　脅邊
⑭ 車縫。
1
⑬ 對齊脅邊線＆底中心線。

※另一側作法亦同。

重複車縫3次。
0.6

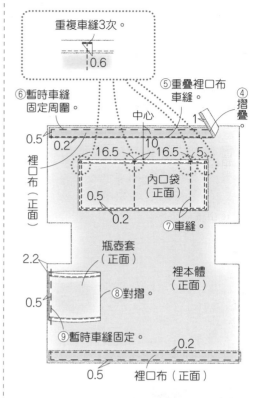

⑥ 暫時車縫固定周圍。
⑤ 重疊裡口布車縫。
④ 摺疊
中心
1
0.5
0.2
16.5　10　16.5　5
裡口布（正面）
內口袋（正面）
0.5
0.2
⑦ 車縫。
裡本體（正面）
瓶壺套（正面）
2.2
0.5
⑧ 對摺。
⑨ 暫時車縫固定。
0.2
0.5　裡口布（正面）

P.47_ No.**30** ／ 附提把眼鏡袋

材料
表布（棉布）30cm×30cm／**裡布**（棉布）25cm×25cm
接著鋪棉（薄）25cm×25cm
D型環 10mm 1個／**問號鉤** 10mm 1個

原寸紙型
A面 或 **下載**
下載方法參照P.60

完成尺寸
寬10×高20cm

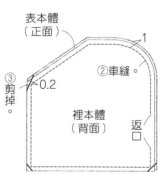

表本體（正面）
1
③ 剪掉。
0.2
② 車縫。
裡本體（背面）
返口

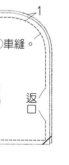

問號鉤
⑦ 穿過問號鉤摺疊。
1.5
⑧ 車縫。
☆
提把（正面）

④ 翻到正面。

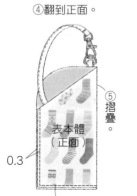

⑤ 車縫。
⑥ 摺疊
表本體（正面）
0.3
⑥ 車縫。

2. 製作本體

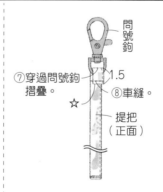

① 暫時車縫固定。
0.5
0.5
吊耳（正面）
正提把面
摺疊
表本體（正面）
⑥ 車縫。

提把（背面）
1

提把（正面）
0.2
⑥ 車縫。
⑤ 摺四褶。

1. 製作吊耳＆提把

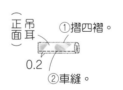

正面 吊耳
① 摺四褶。
0.2
② 車縫。

D型環
正面 吊耳
③ 穿過D型環對摺。

④ 摺疊
☆

裁布圖

※吊耳＆提把無原寸紙型，請依標示尺寸（已含縫份）直接裁剪。
※ □ 處需於背面沿完成線燙貼接著鋪棉。

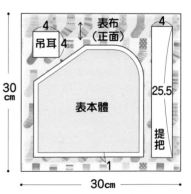

4
吊耳 4
4
表布（正面）
4
30cm
表本體
25.5
提把
1
30cm

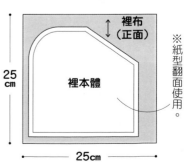

裡布（正面）
25cm
裡本體
25cm
※紙型翻面使用。

77

材料
表布（13.5盎司布邊丹寧布）74cm×90cm
裡布（高密度Gabardine格紋）50cm×90cm
D型環 20mm 2個／**鉚釘** 9mm 2個

原寸紙型
無

完成尺寸
寬25×高25.5×側身14cm
（提把28cm）

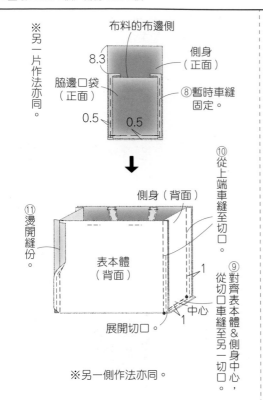

※另一片作法亦同。

布料的布邊側
8.3
側身（正面）
脇邊口袋（正面）
⑧暫時車縫固定。
0.5　0.5

⑪燙開縫份。
側身（背面）
⑩從上端車縫至切口。
表本體（背面）
1
中心
展開切口。
⑨對齊表本體&側身中心，從切口車縫至另一切口。
※另一側作法亦同。

3. 製作裡本體

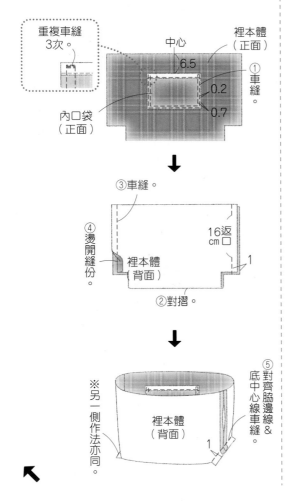

重複車縫3次。
中心
裡本體（正面）
6.5
①車縫。
0.2
0.7
內口袋（正面）

③車縫。
④燙開縫份。
裡本體（背面）
16返cm口
1
②對摺。

⑤對齊脇邊線&底中心線車縫
裡本體（背面）
1
※另一側作法亦同。

內口袋（背面）
0.5
0.5　0.5
④摺疊三邊。

⑤兩側摺往中央接合。

提把（正面）
2.5
0.2
0.2
⑥對摺。
⑦車縫。
※另一片作法亦同。

D型環
⑩穿過D型環，暫時車縫固定。
0.5

⑧兩側摺往中央接合。
吊耳（正面）
0.2　0.5
⑨車縫。
※製作2個。

2. 製作表本體

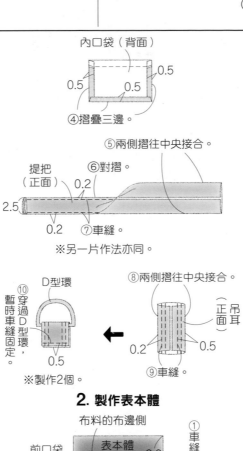

布料的布邊側
前口袋（正面）
表本體（正面）　8.3
①車縫中心。
②暫時車縫固定。
0.5　0.2
0.5
③摺疊兩側，疊至表本體上。
1
1
底布（正面）
0.5
④車縫。
對齊中心
⑤暫時車縫固定。

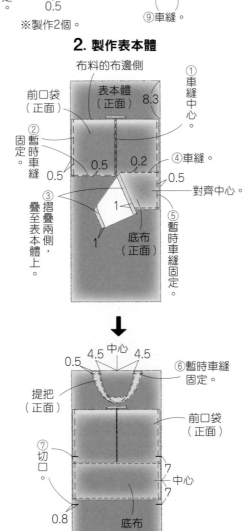

4.5 中心 4.5
0.5
提把（正面）
⑥暫時車縫固定。
前口袋（正面）
⑦
切口
7
中心
7
0.8
底布（正面）
表本體（正面）
提把（正面）
0.5

裁布圖
※標示尺寸已含縫份。

表布（正面）
19.2　16
口袋 24　27　底布　27.5
脇邊　14
27
口袋 24　側身
脇邊　27.5
20.2　側身
表本體 67
前口袋 35
提把 提把 30
10　10
90cm
74cm
使用布料的布邊
吊耳（4cm×4cm）

裡布（正面）
33.2
裡本體 41
19　15
內口袋
摺雙
6　7
50cm
90cm

1. 製作口袋・提把・吊耳

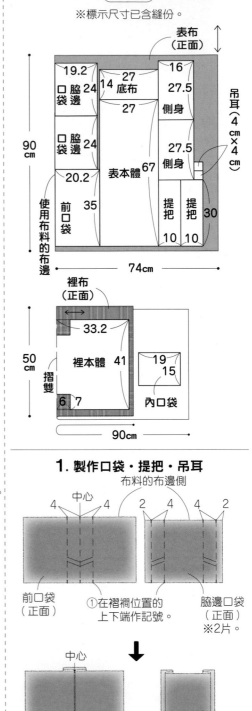

布料的布邊側
中心
4　4　2　4　4　2
前口袋（正面）
脇邊口袋（正面）※2片。
①在褶襇位置的上下端作記號。

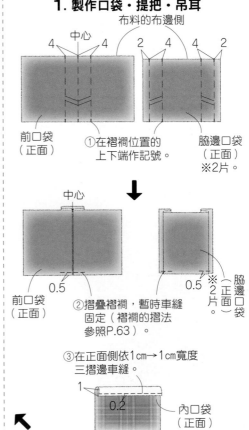

中心
前口袋（正面）
0.5
脇邊口袋（正面）※2片。
0.5
②摺疊褶襇，暫時車縫固定（褶襇的摺法參照P.63）。
③在正面側依1cm→1cm寬度三摺邊車縫。
1
0.2
內口袋（正面）

78

4. 套疊表本體＆裡本體

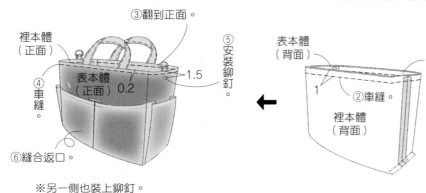

- 裡本體（正面）
- ③翻到正面。
- ④車縫。
- 表本體（正面）0.2
- 1.5
- ⑤安裝鉚釘。
- ⑥縫合返口。

※另一側也裝上鉚釘。

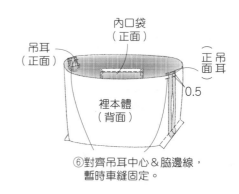

- 表本體（背面）
- ①將表本體翻到正面，放入裡本體內。
- ②車縫。
- 裡本體（背面）
- 1
- 內口袋（正面）
- 吊耳（正面）
- 吊耳（正面）
- 0.5
- 裡本體（背面）
- ⑥對齊吊耳中心＆脇邊線，暫時車縫固定。

P.48_ No.32 ／ 零錢包

材料
表布（棉布・亞麻布）30cm×20cm
配布（半亞麻布・棉布）30cm×20cm
接著襯A（薄）30cm×20cm／接著襯B（厚）15cm×20cm
塑膠四合釦 14mm 1組／布標 1片

原寸紙型
A面或**下載**
下載方法參照 P.60

完成尺寸
寬10×高8cm

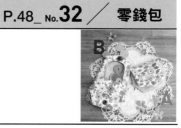

作法影片
https://onl.sc/XqGmg8L

---

3. 疊合外本體＆內本體

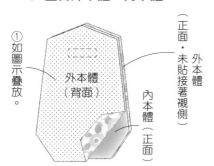

- ①如圖示疊放。
- 外本體（背面）
- 內本體（正面）
- （正面・未貼接著襯側）
- ②車縫。

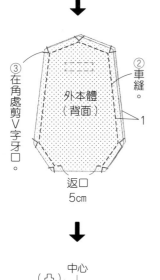

- 外本體（背面）
- ③在角處剪V字牙口。
- 1
- 返口 5cm

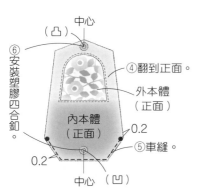

- ⑥安裝塑膠四合釦。
- ④翻到正面。
- 外本體（正面）
- 內本體（正面）
- ⑤車縫。
- 中心（凸）
- 中心（凹）
- 0.2
- 0.2

2. 裁剪外本體

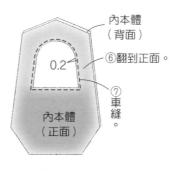

- 內本體（背面）
- 0.2
- ⑥翻到正面。
- ⑦車縫。
- 內本體（正面）

②將兩片表布背面相疊。

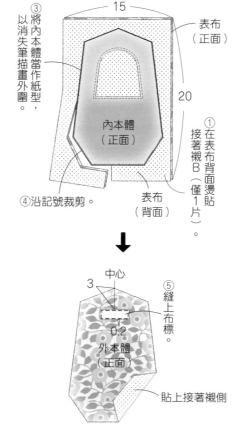

- ③將內本體當作紙型，以消失筆描畫外圍。
- 15
- 20
- 表布（正面）
- 內本體（正面）
- ①在表布背面燙貼接著襯B（僅1片）。
- 表布（背面）
- ④沿記號裁剪。
- 中心
- 3
- ⑤縫上布標。
- 0.2
- 外本體（正面）
- 貼上接著襯側

1. 製作內本體

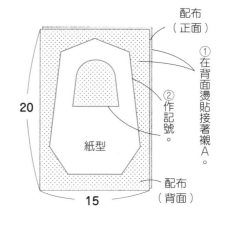

- 配布（正面）
- ①在背面燙貼接著襯A。
- ②作記號。
- 20
- 紙型
- 15
- 配布（背面）

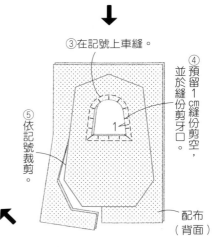

- ③在記號上車縫。
- ④預留1cm縫份剪空，並於縫份剪牙口。
- 1
- ⑤依記號裁剪。
- 配布（背面）

材料（■…S・■…M・■…通用）
表布（13.5盎司布邊丹寧布）30cm×35cm・30cm×40cm
配布（高密度Gabardine格紋）20cm×15cm・25cm×15cm
雞眼釦 內徑14mm 1組
線圈拉鍊 30cm 1條

原寸紙型
無

完成尺寸（■…S・■…M）
寬22×高15cm
寬27×高18cm

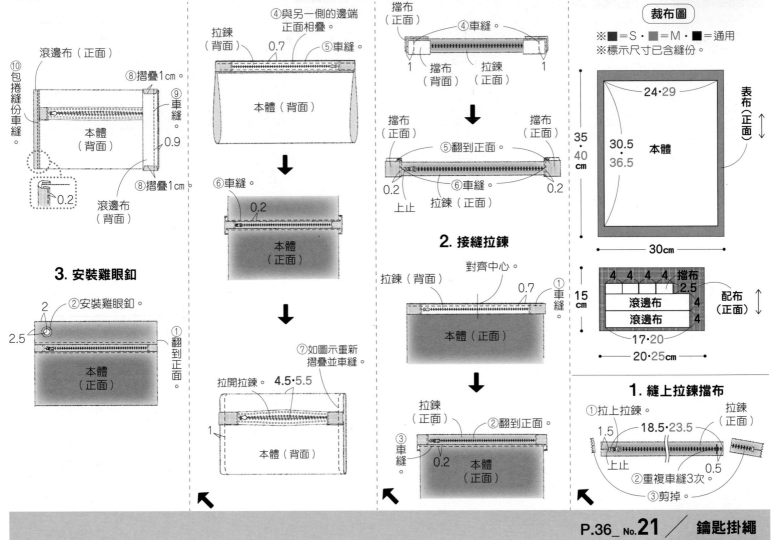

⑩包捲縫份車縫。
滾邊布（正面）
⑧摺疊1cm。
⑨車縫。
本體（背面）
0.7
0.9
⑧摺疊1cm。
滾邊布（背面）
0.2

④與另一側的邊端正面相疊。
拉鍊（背面）
⑤車縫。
本體（背面）
⑥車縫。
0.2
本體（正面）
⑦如圖示重新摺疊並車縫。
拉開拉鍊。 4.5・5.5
本體（背面）
1

3. 安裝雞眼釦
②安裝雞眼釦。
2
2.5
本體（正面）
①翻到正面。

擋布（正面）
④車縫。
擋布（背面）
拉鍊（正面）
1 1
擋布（正面）
擋布（正面）
⑤翻到正面。
⑥車縫。
0.2 0.2
上止
拉鍊（正面）

2. 接縫拉鍊
拉鍊（背面）
對齊中心。
0.7
①車縫。
本體（正面）
拉鍊（正面）
③車縫。
②翻到正面。
0.2
本體（正面）

裁布圖
※■=S・■=M・■=通用
※標示尺寸已含縫份。

24・29
35・40 cm
30.5・36.5
本體
表布（正面）
30cm

4 4 4 4 擋布
2.5
滾邊布 4
滾邊布 4
17・20
20・25cm
15 cm
配布（正面）

1. 縫上拉鍊擋布
①拉上拉鍊。
拉鍊（正面）
1.5
18.5・23.5
拉鍊（正面）
上止 0.5
②重複車縫3次。
③剪掉。

材料
表布（13.5盎司布邊丹寧布）40cm×10cm
裡布（高密度Gabardine格紋）40cm×10cm／**接著襯**（中厚）5cm×5cm
四合釦 13mm 2組／**鑰匙圈配件** 25mm 1個

原寸紙型
無

完成尺寸
寬2.5×長15cm

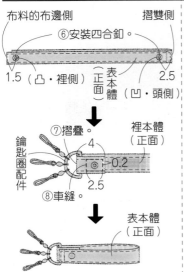
布料的布邊側
摺雙側
⑥安裝四合釦。
1.5（凸・裡側）
表本體（正面）
2.5
表本體（凹・頭側）
鑰匙圈配件
⑦摺疊。
裡本體（正面）
4
0.2
2.5
⑧車縫。
表本體（正面）

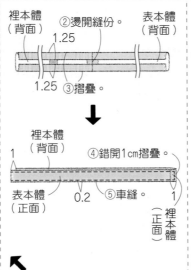
裡本體（背面）
②燙開縫份。
表本體（背面）
1.25
1.25
③摺疊。
裡本體（正面）
裡本體（背面）
1
④錯開1cm摺疊。
表本體（正面）
0.2
⑤車縫。 1
裡本體（正面）

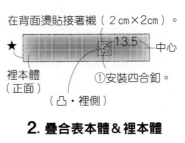
1. 安裝四合釦
在背面燙貼接著襯（2cm×2cm）。
★
13.5 中心
裡本體（正面）
①安裝四合釦。
（凸・裡側）

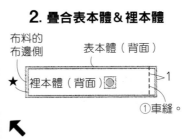
2. 疊合表本體＆裡本體
布料的布邊側
表本體（背面）
★ 裡本體（背面）
1
①車縫。
裡本體

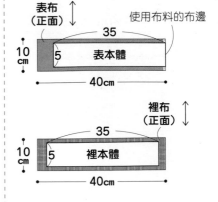
表本體（正面）

裁布圖
※標示尺寸已含縫份。

表布（正面）
使用布料的布邊
35
10 cm
5 表本體
40cm

裡布（正面）
35
10 cm
5 裡本體
40cm

材料

表布（中厚亞麻布）107cm×40cm

裡布（棉亞麻輕帆布）110cm×50cm

接著襯（Swany Medium）92cm×50cm

皮革條 寬2cm 長60cm／皮繩 寬0.3cm 長15cm

鈕釦 2.5cm 1個／鈕釦 2.2cm 2個／底板 30cm×15cm

作法影片

https://youtu.be/
6cis0ztg6hM

原寸紙型
無

完成尺寸
寬42×高27×側身14cm

④車縫。
※另一側作法亦同。

提把
（皮革條・27cm 2條）

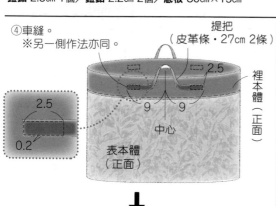

2.5

裡本體（正面）

9　9

中心

表本體（正面）

2.5

0.2

⑤縫上鈕釦（2.5cm）。

中心

3.5

裡本體（正面）

⑥對摺皮繩（15cm），
車縫於另一側。

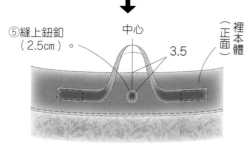

中心

3

裡本體（正面）

0.5　1

3. 完成

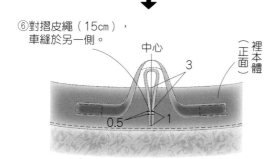

②剪成圓角。

27.5

底板

13.5

③由返口放入底板。

④縫合返口。

①將底角向上摺，縫上鈕釦（2.2cm）加以固定。

※另一側作法亦同。

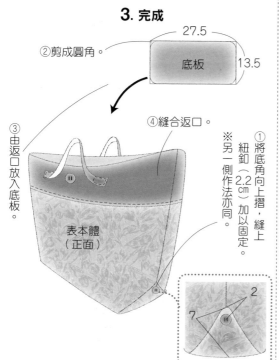

表本體（正面）

7

2

返口22cm

⑤車縫。

裡本體（背面）

1

裡本體（正面）

④表本體＆裡本體各自正面相疊。

表本體（背面）

⑥燙開縫份。

表本體（正面）

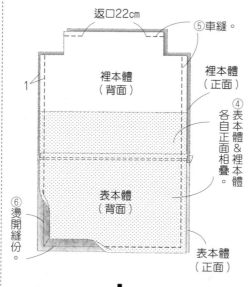

※另一側作法亦同。

1

裡本體（背面）

表本體（背面）

⑦對齊脇邊線＆底線車縫。

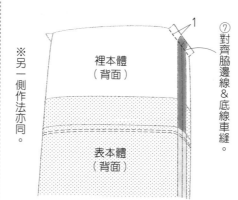

2. 接縫提把・布繩・鈕釦

①翻到正面，將裡本體放入表本體內。

②裡本體高出7cm。

裡本體（正面）

7

表本體（正面）

③落機縫。

脇邊針趾

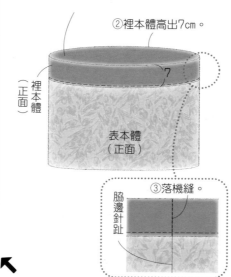

裁布圖

※標示尺寸已含縫份。
※▨處需於背面燙貼接著襯。

表布（正面）

40cm

摺雙

44

表本體

29

107cm

裡布（正面）

50cm

摺雙

16

44

裡本體

43

7

7　30

110cm

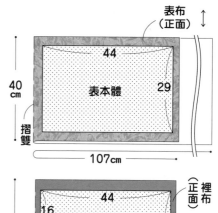

1. 疊合表本體＆裡本體

1

表本體（背面）

①車縫。

裡本體（正面）

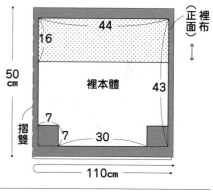

裡本體（正面）

③車縫。

0.3

②縫份倒向裡本體側。

表本體（正面）

※另一片作法亦同。

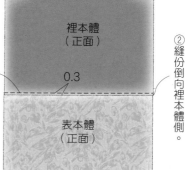

81

材料
表布（中厚亞麻布）107cm×80cm
裡布（棉密織平紋布）135cm×55cm
接著襯（Swany Medium）92cm×80cm
包包織帶A 寬2cm 長30cm／**包包織帶B** 寬3cm 長200cm
日型環 30mm 2個／**插式磁釦** 15mm 2組
口型環 30mm 2個／**線圈拉鍊**（5C）30cm 1條

作法影片

https://x.gd/RmrjR

原寸紙型
B面

完成尺寸
寬32×高32.5×側身15cm

肩背帶
（織帶B・90cm）

握把
（織帶A・26cm）

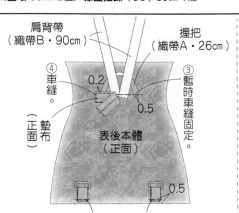

④車縫。
0.2
0.5
③暫時車縫固定。
（正面）
（墊布）
表後本體
（正面）
0.5

⑤將8cm織帶B穿過口型環對摺，
暫時車縫固定。

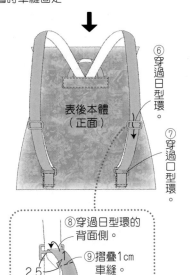

表後本體
（正面）

⑥穿過日型環。
⑦穿過口型環。

⑧穿過日型環的背面側。
2.5
⑨摺疊1cm車縫。

3. 接縫拉鍊

對齊中心。

拉鍊（背面）
0.5
②暫時車縫固定。
①摺疊拉鍊兩端。
表前本體
（正面）

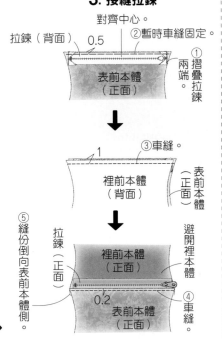

1
③車縫。
裡前本體
（背面）
表前本體
（正面）
⑤縫份倒向表前本體側。
拉鍊
裡前本體
（正面）
避開裡前本體
表後本體
（正面）
0.2
④車縫。

裁布圖

表布（正面）

墊布 19 7

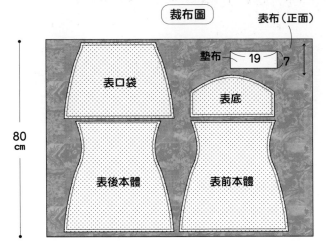

表口袋
表底
80cm
表後本體
表前本體

107cm

裡布（正面）

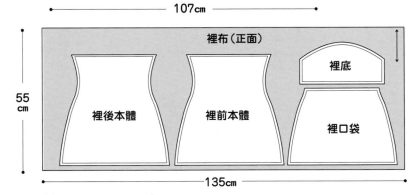

裡底
55cm
裡後本體
裡前本體
裡口袋

135cm

※墊布無原寸紙型，請依標示尺寸（已含縫份）直接裁剪。
※□處需於背面燙貼接著襯。

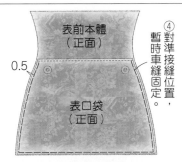

表前本體
（正面）
0.5
④對準接縫位置，暫時車縫固定。
表口袋
（正面）

2. 縫上肩背帶

墊布（背面）
1
①摺疊。

②兩側摺往中央接合。

墊布（正面）

---

1. 製作口袋

①安裝磁釦（凹）。
（參照P.62「金屬配件安裝方式」）

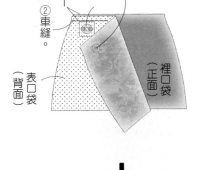

②車縫。
1
裡口袋（正面）
表口袋（背面）

③翻到正面車縫。
0.2

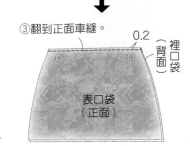

裡口袋（背面）
表口袋（正面）

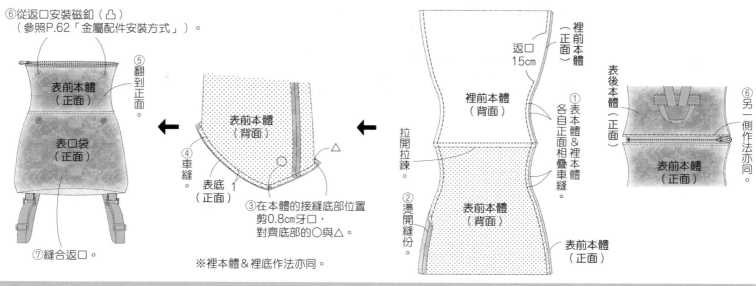

⑥從返口安裝磁釦（凸）
（參照P.62「金屬配件安裝方式」）。

⑤翻到正面。

表前本體（正面）

表口袋（正面）

⑦縫合返口。

表前本體（背面）

④重縫

表底1（正面）

③在本體的接縫底部位置剪0.8cm牙口，對齊底部的○與△。

△

2. 對齊表本體&裡本體

裡前本體（正面）

返口15cm

裡前本體（背面）

①表本體&裡本體各自正面相疊車縫。

拉開拉鍊。

②燙開縫份。

表前本體（背面）

表前本體（正面）

※裡本體&裡底作法亦同。

表後本體（正面）

⑥另一側作法亦同。

表前本體（正面）

P.49_No.**33** ／ **迷你捲筒塑膠袋收納包**

材料
表布（棉布）15cm×20cm／**裡布**（棉布）15cm×20cm
接著襯 15cm×20cm／**問號鉤** 10mm 1個
塑膠四合釦 14mm 1組

作法影片
https://onl.sc/EkgEgPA

原寸紙型
無
完成尺寸
寬7×高6×側身2cm

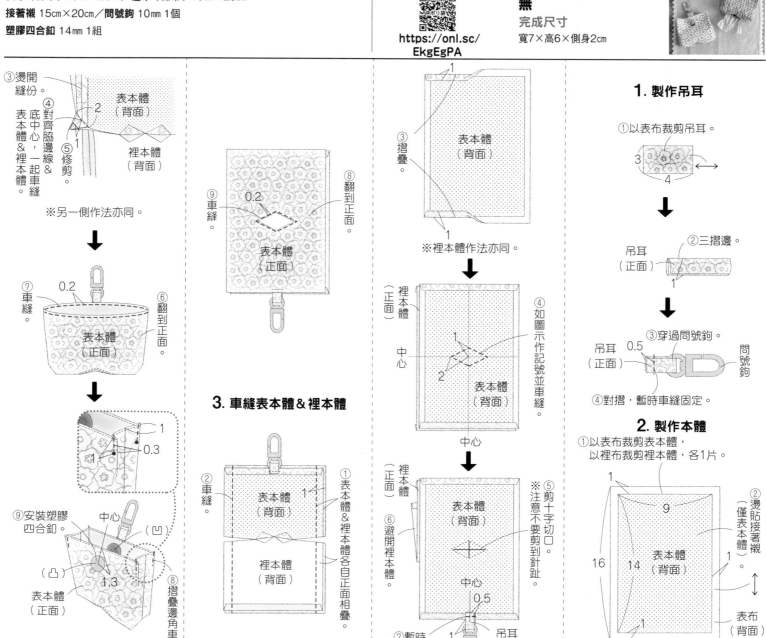

③燙開縫份。

④對齊脇邊線&底中心，表本體&裡本體一起車縫。

⑤修剪

表本體（背面）

裡本體（背面）

※另一側作法亦同。

⑦車縫 0.2

⑥翻到正面。

表本體（正面）

1 0.3

⑨安裝塑膠四合釦。

中心

（凹）

（凸）

1.3

表本體（正面）

摺疊

表本體（背面）

※裡本體作法亦同。

⑨車縫 0.2

⑧翻到正面。

表本體（正面）

3. 車縫表本體&裡本體

②車縫

表本體（背面）

1

裡本體（背面）

①表本體&裡本體各自正面相疊。

⑧摺疊邊角車縫

表本體（背面）

裡本體（正面）

中心

④如圖示作記號並車縫。

1 2

⑥避開裡本體

表本體（背面）

⑤剪十字切口 ※注意不要剪到針趾。

裡本體（正面）

表本體（背面）

中心 0.5

⑦暫時車縫固定。

1 吊耳（背面）

1. 製作吊耳

①以表布裁剪吊耳。

3 4

②三摺邊。

吊耳（正面）

1

③穿過問號鉤

吊耳（正面）

0.5

問號鉤

④對摺，暫時車縫固定。

2. 製作本體

①以表布裁剪表本體，以裡布裁剪裡本體，各1片。

②燙貼接著襯（僅表本體）。

1

9

16 14

表本體（背面）

1

1

表布（背面）

11

材料
表布（中厚亞麻布）107cm×50cm
配布（亞麻輕帆布）105cm×50cm
裡布（棉密織平紋布）108cm×50cm
接著襯（Swany Medium）92cm×90cm
插入磁釦 18mm 1組

原寸紙型
B面

完成尺寸
寬30×高41.5×側身13cm
（持把40cm·80cm）

 短
 長

3. 套疊表本體&裡本體

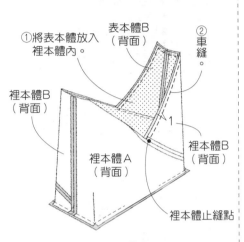
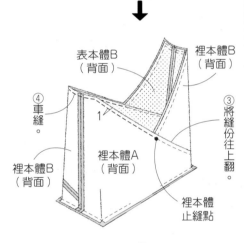
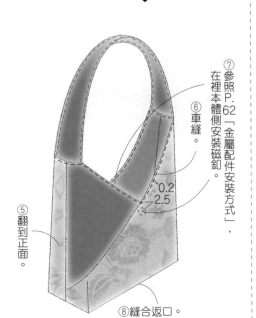

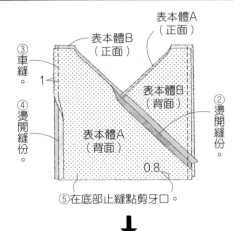
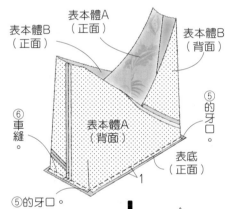
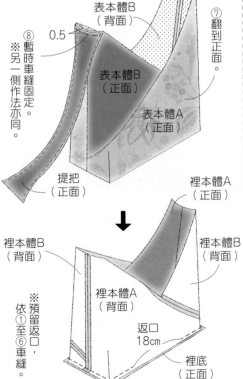

【裁布圖】
※表·裡底無原寸紙型，請依標示尺寸
（已含縫份）直接裁剪。
※ ▨ 處需於背面燙貼接著襯。

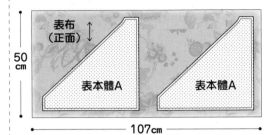
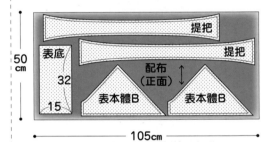
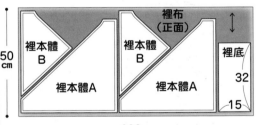
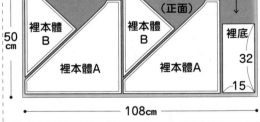

1. 製作提把

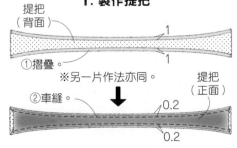

2. 製作本體
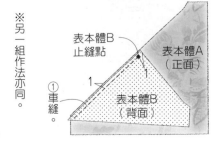

材料
表布（中厚亞麻布）107cm×40cm
裡布（棉密織平紋布）135cm×40cm
接著襯（Swany Soft）92cm×40cm
附間號鉤肩帶（寬1.5cm 長120cm）1條
鋁框口金（寬21cm）1個／D型環 15mm 2個

作法影片

https://youtu.be/meKF2HTQoeE

原寸紙型
B面

完成尺寸
寬21×高33.5×側身15cm

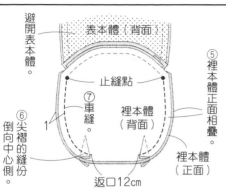

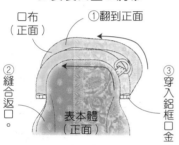

4. 安裝口金＆肩帶
①翻到正面
②縫合返口
③穿入鋁框口金。
④將肩帶扣接於D型環。

鋁框口金安裝方式
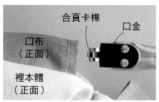
打開口金，取下螺栓。將合頁卡榫朝裡本體側穿入口布。

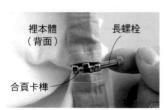
筆直地與另一邊合頁卡榫扣接，從外側插入長螺栓。

從內側插入短螺栓，鎖緊固定。另一側也同樣鎖緊固定。

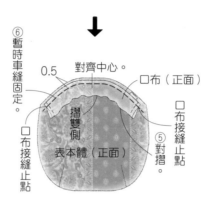
※另一片作法亦同。

3. 疊合表本體＆裡本體
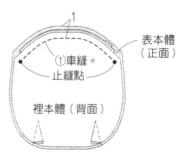
※另一組作法亦同。

①車縫 止縫點

②尖褶的縫份倒向中心側。
④車縫

裁布圖
※口布無原寸紙型，請依標示尺寸（已含縫份）直接裁剪。
※ 處需於背面燙貼接著襯。

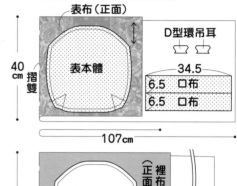
表布（正面）
D型環吊耳
34.5
6.5 口布
6.5 口布
107cm

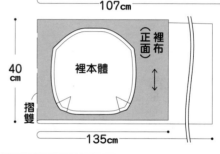
裡布（正面）
裡本體
135cm

1. 縫上D型環吊耳
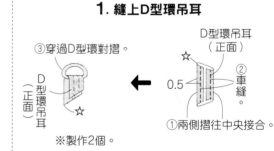
③穿過D型環對摺。
②車縫
①兩側摺往中央接合。
※製作2個。

2. 車縫本體
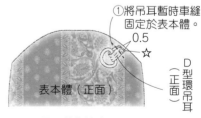
①將吊耳暫時車縫固定於表本體。
※另一片作法亦同。

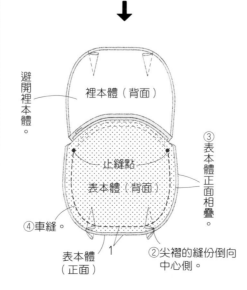
②尖褶對摺車縫。
※另一片表本體＆裡本體作法亦同。

材料

表布（中厚亞麻布）107cm×35cm
配布（棉麻水洗平織布）100cm×35cm
裡布（棉密織平紋布）135cm×40cm
接著襯（Swany Soft）92cm×70cm
皮提把 寬2cm 長100cm
插式磁釦 18mm 1組

作法影片

https://youtu.be/
WsWJF_2wyrA

原寸紙型
無

完成尺寸
寬33×高25×側身12cm
（提把46cm）

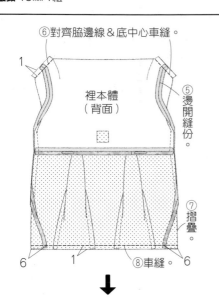

⑥對齊脇邊線＆底中心車縫。

1

裡本體
（背面）

⑤燙開縫份

⑦摺疊。

6　1　6

⑧車縫。

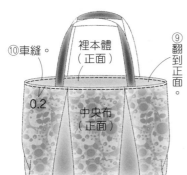

⑩車縫。

0.2

裡本體
（正面）

中央布
（正面）

⑨翻到正面。

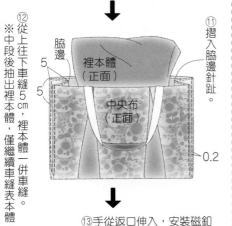

⑫※從中段後抽出裡本體5cm，裡本體一併繼續車縫表本體。

脇邊

5

5

裡本體
（正面）

中央布
（正面）

⑪摺入脇邊針趾。

0.2

⑬手從返口伸入，安裝磁釦（參照P.62「金屬配件安裝方式」）。

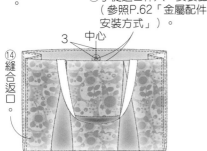

⑭縫合返口

3

中心

（側身布正面）（正面）（中心）

④如圖示對齊針趾，往表側布中心摺疊，暫時車縫固定。

0.5

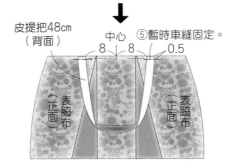

表脇布（正面）　中央布（正面）　表脇布（正面）

側身布（正面）

皮提把48cm
（背面）

中心

8　8　0.5

⑤暫時車縫固定。

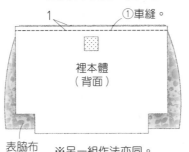

表脇布（正面）　表脇布（正面）

※另一組作法亦同。

2. 疊合表本體＆裡本體

1　①車縫。　1

裡本體
（背面）

表脇布
（正面）

※另一組作法亦同。

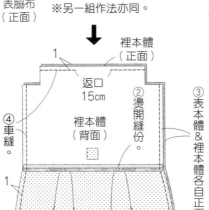

1

裡本體
（正面）

返口
15cm

②燙開縫份。

③表本體＆裡本體各自正面相疊。

④車縫。

1

表脇布
（背面）

表脇布
（背面）

裁布圖

※標示尺寸已含縫份。
※▨▨處需於背面燙貼接著襯。

表布（正面）

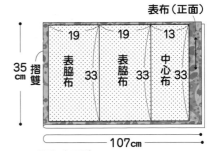

35cm（摺雙）

19　19　13

表脇布　33　表脇布　33　中心布　33

107cm

配布（正面）

35cm

33

9　9　9　9

側身布　側身布　側身布　側身布

100cm

裡布（正面）

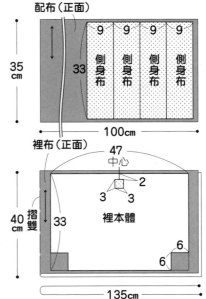

47
中心

2
3　3

40cm（摺雙）

33

裡本體

6
6

135cm

1. 製作表本體

側身布
（背面）

1

①車縫。

中央布
（正面）

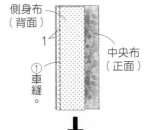

中央布
（正面）

②依相同作法拼接另一片側身布＆表脇布。

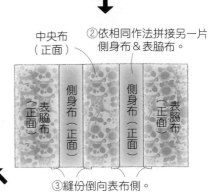

表脇布（正面）　側身布（正面）　側身布（正面）　表脇布（正面）

③縫份倒向表布側。

材料

表布（厚亞麻布）75cm×55cm／裡布（棉厚織79號）112cm×70cm

接著襯（薄不織布）75cm×55cm

軟襯墊（厚0.3mm）45cm×15cm

皮革提把 寬25mm 長45cm 1組／底板 35cm×15cm

固定釦（面徑9mm 腳長8.5mm）8組／彈簧壓釦 18mm 2組

皮革接著劑 適量

原寸紙型

B面

完成尺寸

寬34×高26×側身14cm

（提把45cm）

裁布圖

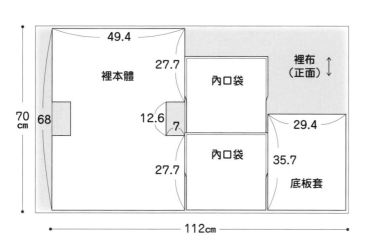

裡布（正面）↕

裡本體 49.4

27.7

內口袋

12.6 7

內口袋

27.7

裡布（正面）↕

29.4

底板套 35.7

68

70cm

112cm

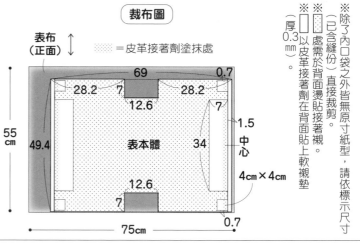

表布（正面）↑

░░ =皮革接著劑塗抹處

69 0.7

28.2 7 28.2

12.6

表本體

49.4 34 7

1.5

中心

4cm×4cm

12.6

7

0.7

55cm

75cm

※除了內口袋之外皆無原寸紙型，請依標示尺寸直接裁剪。

※ ▨處需於背面燙貼接著襯。

※ ▨以皮革接著劑在背面貼接著襯。

※ ▨（已含縫份）處需以皮革接著劑在背面燙貼接著襯。

▨（厚0.3mm）

4. 套疊表本體&裡本體

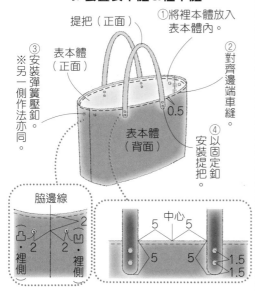

①將裡本體放入表本體內。

②對齊邊端車縫

提把（正面）

表本體（正面）

③安裝彈簧壓釦。※另一側作法亦同。

表本體（背面）

0.5

④安裝提把。

④以固定釦安裝提把。

脇邊線

凸·2·裡側 凹·2·裡側

5 中心 5

5 5 1.5 1.5

固定釦&彈簧壓釦安裝方式參照P.62「金屬配件安裝方式」。

5. 製作底板

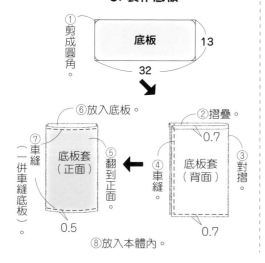

①剪成圓角。

底板 13

32

⑥放入底板。

⑦車縫一併車縫底板。

底板套（正面）

⑤翻到正面。

②摺疊。

0.7

④車縫

底板套（背面）

③對摺

0.5

0.7

⑧放入本體內。

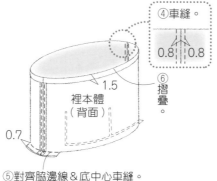

④車縫。

0.8 0.8

裡本體（背面）

1.5

⑥摺疊。

0.7

⑤對齊脇邊線&底中心車縫。
※另一側作法亦同。

3. 製作表本體

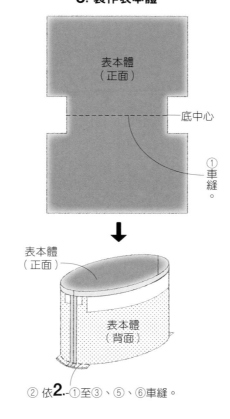

表本體（正面）

底中心

①車縫。

表本體（正面）

表本體（背面）

② 依**2.**-①至③、⑤、⑥車縫。

1. 縫上口袋

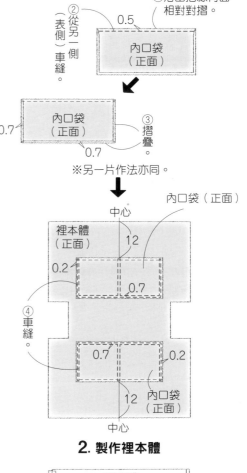

①沿山摺線背面相對對摺。

0.5

②從另一側（表側）車縫。

內口袋（正面）

內口袋（正面）

0.7

③摺疊。

0.7

※另一片作法亦同。

中心

內口袋（正面）

裡本體（正面）

12

0.2

0.7

④車縫。

0.7 0.2

12

內口袋（正面）

中心

2. 製作裡本體

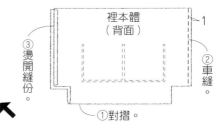

裡本體（背面）

1

③燙開縫份

②車縫

①對摺

材料
表布（牛津布）55cm×25cm
配布A（棉布）40cm×35cm／配布B（棉布）30cm×35cm
裡布（棉布）55cm×25cm
金屬拉鍊 20cm 1條／塑膠四合釦 9mm 1組

原寸紙型
A面

完成尺寸
寬20.5×高17×側身6cm

裁布圖
※前・後口袋無原寸紙型。
※▒▒處需於背面燙貼接著襯。

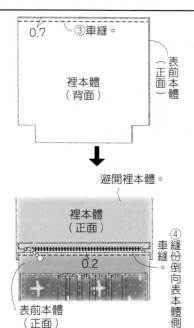

配布B（正面）↑
22.5
後口袋（裡側）
3
3   28
（表側）
中心
35cm
30cm

配布A（正面）↑
32.5
前口袋
28
35cm
40cm

表布・裡布（正面）↑
表前・後本體 裡本體
25cm
摺雙
55cm
※僅於表布背面燙貼接著襯。

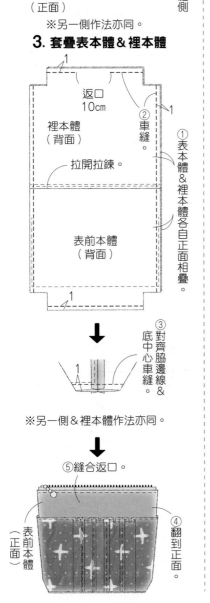

0.7 ③車縫。
裡本體（背面）
表前本體（正面）
↓
避開裡本體。
裡本體（正面）
0.2
表前本體（正面）
④縫份倒向表本體側車縫。
※另一側作法亦同。

3. 套疊表本體＆裡本體
返口10cm
裡本體（背面）
②車縫。
拉開拉鍊。
表前本體（背面）
①表本體＆裡本體各自正面相疊。
1
↓
③對齊脇邊線＆底中心車縫。
※另一側＆裡本體作法亦同。
↓
⑤縫合返口。
表前本體（正面）
④翻到正面。

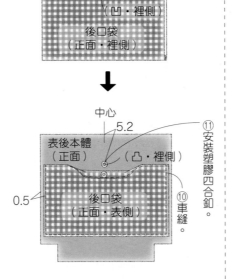

⑧依步驟①至④製作。
⑨安裝塑膠四合釦。
中心
1
摺雙側
（凹・裡側）
後口袋（正面・裡側）
↓
中心
5.2
表後本體（正面）
（凸・裡側）
0.5
後口袋（正面・表側）
⑪安裝塑膠四合釦。
⑩車縫。

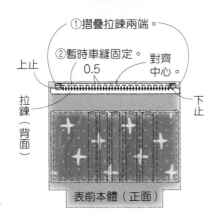

2. 接縫拉鍊
①摺疊拉鍊兩端。
②暫時車縫固定。
上止
0.5
對齊中心。
下止
拉鍊（背面）
表前本體（正面）

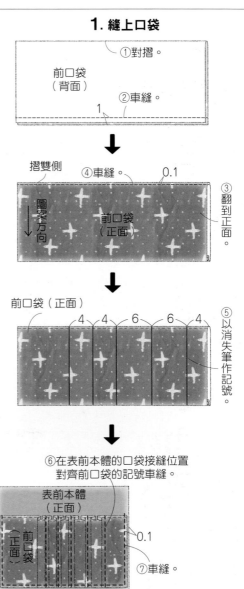

1. 縫上口袋
①對摺。
前口袋（背面）
②車縫。
1
↓
摺雙側
④車縫。 0.1
圖案方向
前口袋（正面）
③翻到正面。
↓
前口袋（正面）
4 4 6 6 4
⑤以消失筆作記號。
↓
⑥在表前本體的口袋接縫位置對齊前口袋的記號車縫。
表前本體（正面）
前口袋（正面）
0.1
⑦車縫。

材料
表布（棉布）25cm×25cm／配布A（棉布）15cm×25cm
配布B（棉布）15cm×25cm／配布C（棉布）10cm×10cm
裡布（棉布）25cm×25cm
金屬拉鍊 20cm 1條
塑膠四合釦 9mm 1組
D型環 10mm 1個

原寸紙型
B面

完成尺寸
寬20.5×高8.5cm

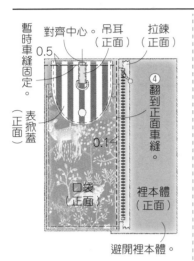

暫時車縫固定。
對齊中心。吊耳（正面）拉鍊（正面）
0.5
④翻到正面車縫。
表掀蓋（正面）
0.1
口袋（正面）
裡本體（正面）
避開裡本體。

另一側也依步驟①至④製作。

4.疊合表本體＆裡本體

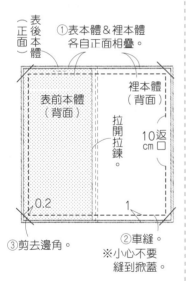

①表本體＆裡本體各自正面相疊。
表後本體（正面）
表前本體（背面）
裡本體（背面）
拉開拉鍊。
10cm返口
②車縫
0.2
1
③剪去邊角。
※小心不要縫到掀蓋。

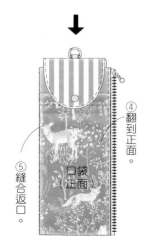

④翻到正面。
口袋（正面）
⑤縫合返口

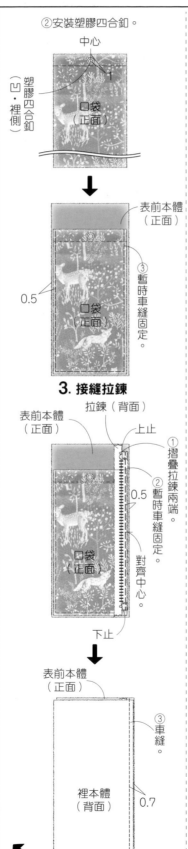

②安裝塑膠四合釦。
中心
塑膠四合釦（凸·裡側）
口袋（正面）

表前本體（正面）
③暫時車縫固定
0.5
口袋（正面）

3.接縫拉鍊
拉鍊（背面）
表前本體（正面）
上止
①摺疊拉鍊兩端。
0.5
②暫時車縫固定。
對齊中心。
口袋（正面）
下止

表前本體（正面）
③車縫
裡本體（背面）
0.7

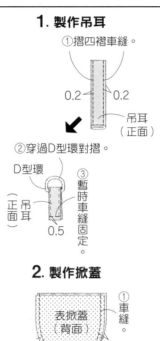

1.製作吊耳
①摺四褶車縫。
0.2 0.2
吊耳（正面）
②穿過D型環對摺。
D型環
③暫時車縫固定
吊耳（正面）
0.5

2.製作掀蓋
①車縫。
表掀蓋（背面）
0.5
②在弧邊剪牙口。
③翻到正面。
表掀蓋（正面）
④車縫
0.1
⑤安裝塑膠四合釦。
裡掀蓋（正面）
塑膠四合釦（凸·裡側）

2.縫上口袋

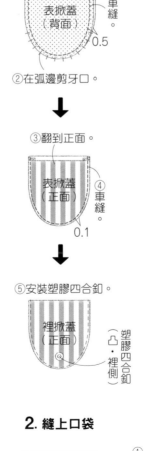

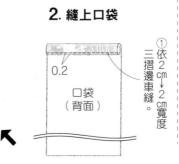

①依2cm→2cm寬度三摺邊車縫。
0.2
口袋（背面）

裁布圖

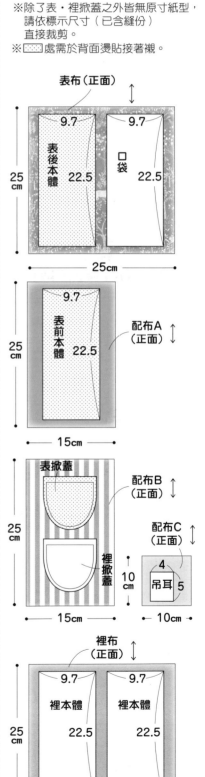

※除了表·裡掀蓋之外皆無原寸紙型，請依標示尺寸（已含縫份）直接裁剪。
※ 處需於背面燙貼接著襯。

表布（正面）
9.7 9.7
表後本體 22.5 口袋 22.5
25cm / 25cm

表前本體 22.5 9.7
配布A（正面）
25cm / 15cm

表掀蓋 配布B（正面）
裡掀蓋
配布C（正面）
吊耳 4/5
25cm / 15cm / 10cm

裡布（正面）
9.7 9.7
裡本體 22.5 裡本體 22.5
25cm / 25cm

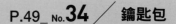

材料
表布（防水棉布）35cm×15cm／裡布（半亞麻布）25cm×15cm
接著襯 30cm×15cm
問號釦 9mm 1個／塑膠四合釦 14mm 1組
伸縮鑰匙扣 1個／布標 1片

作法影片

https://onl.sc
/JjAMG2i

原寸紙型
無

完成尺寸
寬6×高8cm

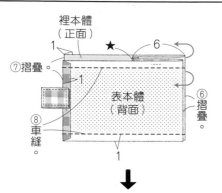

裡本體（正面）
1
★　6
⑦摺疊。
1
⑧車縫。
⑥摺疊。
表本體（背面）
1

↓

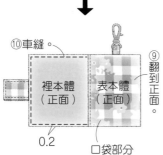

⑩車縫。
⑨翻到正面。
裡本體（正面）　表本體（正面）
0.2
口袋部分

↓

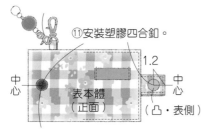

⑫裝上伸縮鑰匙扣。
⑪安裝塑膠四合釦。
中心
表本體（正面）
1.2
中心
（凸‧表側）
（凹‧裡側）
※避開口袋，再進行安裝。

---

②穿過問號鉤。
正面 吊耳 0.5
問號鉤
③車縫。

3. 製作本體

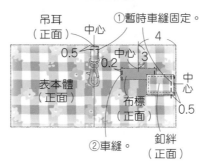

吊耳（正面）中心
①暫時車縫固定。
0.5　中心
3　4
0.2
表本體（正面）
中心
布標（正面）
0.5
②車縫。
釦絆（正面）

↓

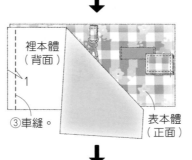

裡本體（背面）
1
③車縫。
表本體（正面）

↓

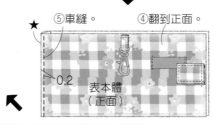

⑤車縫。
④翻到正面。
0.2
表本體（正面）

裁布圖
※標示尺寸已含縫份。
※⬚處需於背面沿完成線燙貼接著襯。

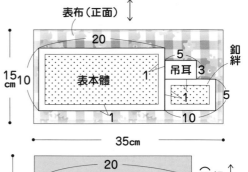

表布（正面）
20
5　釦絆
15cm　10
表本體　1
吊耳 3
1
5
1　10
35cm

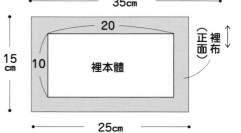

20
15cm　10
裡本體
（正面）裡布
25cm

---

1. 製作釦絆

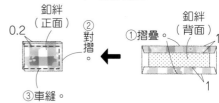

釦絆（正面）
0.2
②對摺。
①摺疊。
釦絆（背面）1
③車縫。
1

2. 製作吊耳

①摺三褶。

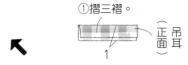

正面 吊耳
1

材料
表布（亞麻布）15cm×15cm 4片
配布（棉‧亞麻布）10cm×5cm 9片
粗線（刺子繡等）500cm／**串珠&鈕釦** 7個
平竹條 寬5mm 長45cm／**25號繡線**（紅色）適量

原寸紙型
B面

完成尺寸
寬19×高23cm

1. 製作本體

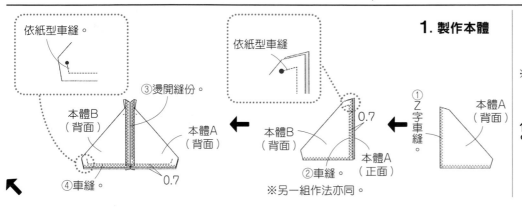

依紙型車縫。
③燙開縫份。
本體B（背面）
本體A（正面）
④車縫。
0.7
依紙型車縫。
本體B（背面）
0.7
②車縫。
本體A（正面）
①Z字車縫。
本體B（背面）
本體A（背面）
※另一組作法亦同。

裁布圖
※標示尺寸已含縫份。

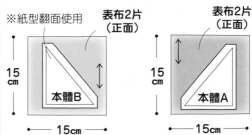

※紙型翻面使用
表布2片（正面）
15cm
本體B
15cm

表布2片（正面）
15cm
本體A
15cm

3. 縫上掛飾，完成

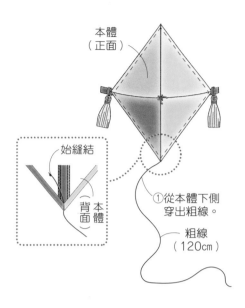

始縫結
本體（背面）
本體（背面）
本體（正面）

①從本體下側穿出粗線。
粗線（120cm）

②配布剪成9片。

10
裝飾（正面）
1.5
③剪角。

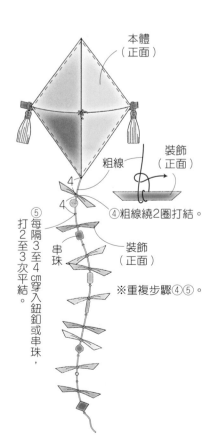

本體（正面）
粗線
裝飾（正面）
④粗線繞2圈打結。
4
4
⑤每隔3至4cm穿入鈕釦或串珠，打2至3次平結。
裝飾（正面）
串珠
※重複步驟④⑤。

2. 製作流蘇掛飾

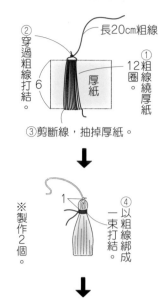

長20cm粗線
②穿過粗線打結。
①12圈粗線繞厚紙。
6
厚紙
③剪斷線，抽掉厚紙。
※製作2個。
④以粗線綁成一束打結。
1

⑤將流蘇上方的粗線穿過綁在竹條的粗線。
本體（正面）

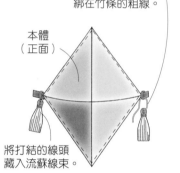

將打結的線頭藏入流蘇線束。

⑥以25號繡線6股依圖示手縫。

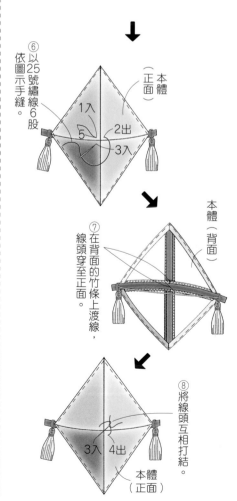

本體（正面）
1入
2出
3入
5
⑦在背面的竹條上渡線，線頭穿至正面。
本體（背面）
⑧將線頭互相打結。
3入
4出
本體（正面）

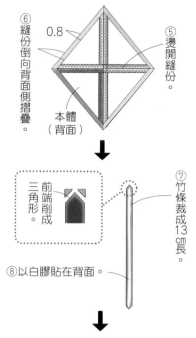

⑥縫份倒向背面側摺疊。
0.8
⑤燙開縫份。
本體（背面）

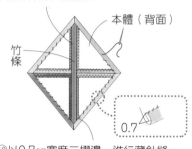

前端削成三角形。
⑦竹條裁成13cm長。
⑧以白膠貼在背面。

⑨將竹條貼在縫份上。

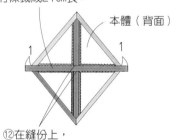

本體（背面）
竹條
0.7
⑩以0.7cm寬度三摺邊，進行藏針縫。

⑪竹條裁成21cm長。

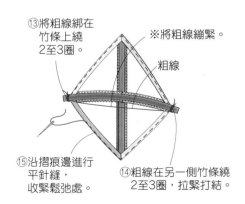

本體（背面）
1
1
⑫在縫份上，取中心位置黏貼。

⑬將粗線綁在竹條上繞2至3圈。
※將粗線繃緊。
粗線
⑮沿摺痕邊進行平針縫，收緊鬆弛處。
⑭粗線在另一側竹條繞2至3圈，拉緊打結。

材料

表布a（棉布）20cm×10cm／表布b・c（棉布）各10cm×10cm

表布d（棉布）10cm×5cm／表布e（棉布）20cm×5cm

表布f（棉布）15cm×10cm／表布g・h（棉布）各5cm×5cm

接著鋪棉、厚紙 各20cm×15cm

和紙（白色）30cm×15cm／和紙（紅色）5cm×5cm

背板（厚15mm）9cm×26cm／金線 適量

原寸紙型
P.93
下載方法參照 P.60

完成尺寸
寬12×高23cm

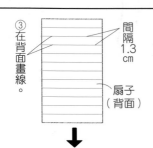

③在背面畫線。
間隔1.3cm
扇子（背面）

↓

④沿背面線條摺成蛇腹摺。

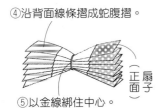

正面 扇子

⑤以金線綁住中心。

↓

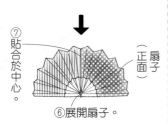

⑦貼合於中心。

正面 扇子

⑥展開扇子。

6. 製作葉子

①作法與鯛魚頭部相同。

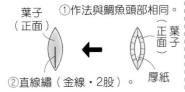

葉子（正面）

葉子 正面

厚紙

②直線繡（金線・2股）。

7. 完成

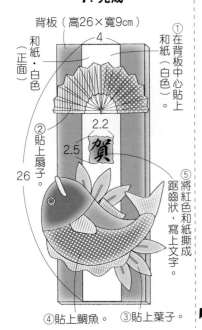

背板（高26×寬9cm）

和紙（正面）

4

①在背板中心貼上和紙（白色）。

2.2

賀

2.5

26

②貼上扇子。

⑤踞齒狀，將紅色和紙撕成寫上文字。

④貼上鯛魚。 ③貼上葉子。

---

4. 貼合部件

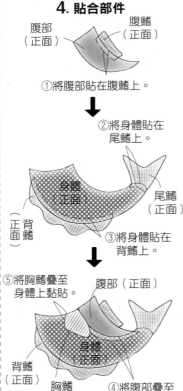

腹部（正面） 腹鰭（正面）

①將腹部貼在腹鰭上。

②將身體貼在尾鰭上。
身體（正面）
尾鰭（正面）
正面 背鰭

③將身體貼在背鰭上。

⑤將胸鰭疊至身體上黏貼。
腹部（正面）
身體（正面）
背鰭（正面）
胸鰭（正面）
④將腹部疊至身體下黏貼。

⑥將眼白、黑眼珠與口貼在頭部。
頭部（正面）

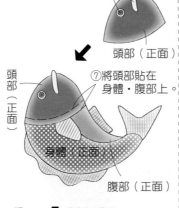

頭部（正面）
⑦將頭部貼在身體・腹部上。
身體（正面）
腹部（正面）

5. 製作扇子

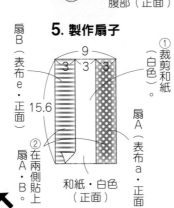

扇B（表布e・正面）

9
3 3 3
15.6

①裁剪和紙（白色）

②在兩側貼上扇A・B。
扇A（表布a・正面）

和紙・白色（正面）

---

⑥疊上厚紙。
背面 身體
厚紙（背面）
⑤剪牙口。

↓

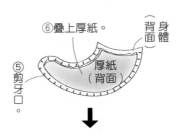

與其他部件重疊處不摺疊摺份
厚紙
身體（背面）

⑦沿厚紙黏貼。

※腹部、背鰭、腹鰭及尾鰭作法亦同。

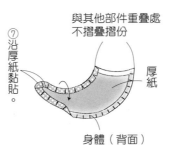

頭部（背面）

⑧頭部的縫份全部摺向背面黏貼。

3. 製作眼白、黑眼珠、口及胸鰭

④剪牙口。
③裁剪。
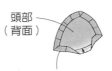
①依1.作法裁剪厚紙。
表布g（正面）
0.5
②黏貼。
眼白（背面）
眼白的厚紙（背面）

⑤沿厚紙黏貼。
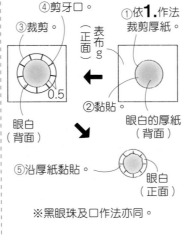
眼白（正面）

※黑眼珠及口作法亦同。

⑥依步驟①至④製作胸鰭。
與其他部件重疊處不摺疊摺份

胸鰭的厚紙（背面）
胸鰭（背面）
⑦沿厚紙黏貼。

---

1. 裁剪厚紙

①以牛皮紙等複寫紙型。

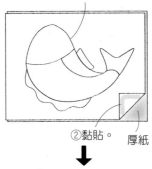

②黏貼。 厚紙

↓

③裁剪各部件。

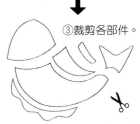

2. 製作鯛魚部件

※全部以白膠黏貼。

※布料種類參照P.93原寸紙型。

身體的厚紙（正面）

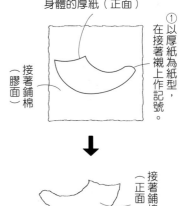

接著鋪棉（膠面）

①以厚紙為紙型，在接著襯上作記號。

↓

接著鋪棉（正面）

②依記號裁剪。

↓

表布d（背面）

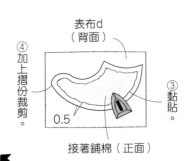

④加上摺份裁剪。

0.5

③黏貼。

接著鋪棉（正面）

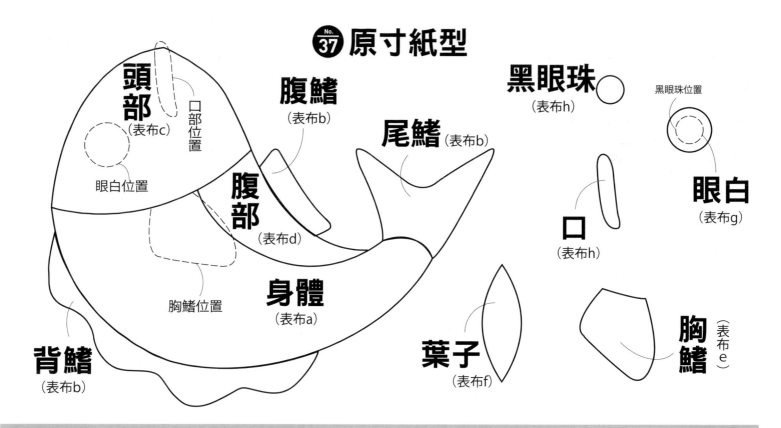

No.37 原寸紙型

- 頭部（表布c）
  - 口部位置
  - 眼白位置
- 腹鰭（表布b）
- 尾鰭（表布b）
- 黑眼珠（表布h）
  - 黑眼珠位置
- 眼白（表布g）
- 腹部（表布d）
- 口（表布h）
- 胸鰭位置
- 身體（表布a）
- 葉子（表布f）
- 胸鰭（表布e）
- 背鰭（表布b）

P.50_ No.35 ／ Biscornu 針插 S・M

材料（■…S・■…M・■…通用）
表布（平織布）25cm×5cm
配布（平織布）25cm×10cm
木串珠 6mm 2個・6mm・10mm各1個
填充棉 適量

作法影片
https://onl.bz/1ruXWGn

原寸紙型
無

完成尺寸（■…S・■…M）
寬7×長7×高3cm
寬8×長8×高4cm

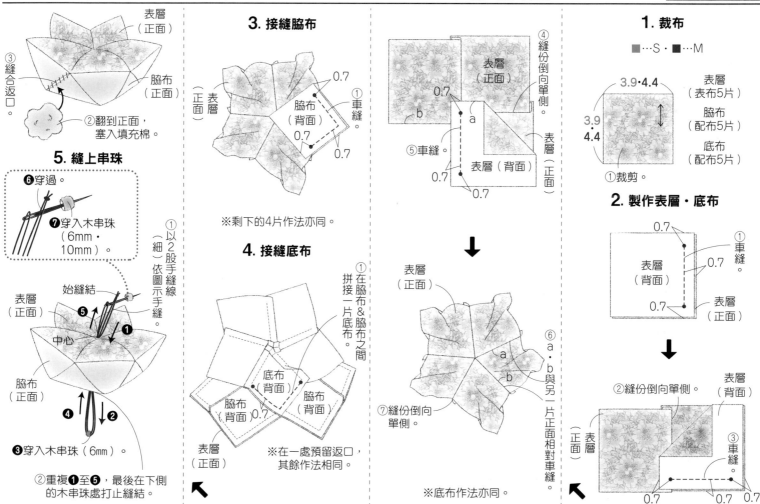

1. 裁布

■…S・■…M

- 表層（表布5片）
- 脇布（配布5片）
- 底布（配布5片）
- ①裁剪。
- 3.9・4.4
- 3.9
- 4.4

2. 製作表層・底布

- 表層（背面）
- ①車縫。
- 0.7
- 0.7
- ②縫份倒向單側。
- 表層（正面）
- 表層（背面）
- ③車縫。
- 0.7 0.7 0.7

※底布作法亦同。

3. 接縫脇布

- 表層（正面）
- 脇布（背面）
- ①車縫。
- 0.7
- 0.7
- 0.7

※剩下的4片作法亦同。

4. 接縫底布

- ①在脇布&脇布之間拼接一片底布。
- 底布（背面）
- 脇布（背面）
- 脇布（背面）
- 0.7
- 表層（正面）

※在一處預留返口，其餘作法相同。

- ④縫份倒向單側。
- 表層（正面）
- ⑤車縫。
- 表層（背面）
- 0.7
- 表層（正面）
- b
- 0.7
- a
- 表層（正面）
- a
- b
- ⑥a・b與另一片正面相對車縫。
- ⑦縫份倒向單側。

※底布作法亦同。

左側工序

- ③縫合返口。
- ②翻到正面，塞入填充棉。
- 表層（正面）
- 脇布（正面）

5. 縫上串珠

- ⑥穿過。
- ⑦穿入木串珠（6mm・10mm）。
- ①以2股手縫線（細）依圖示手縫。
- 始縫結
- 表層（正面）
- 中心
- 脇布（正面）
- ❶❷❸❹❺
- ❸穿入木串珠（6mm）。
- ②重複❶至❺，最後在下側的木串珠處打止縫結。

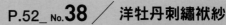

材料
表布（亞麻布）55cm×40cm／接著襯（薄）35cm×20cm
DMC25號繡線 適量 ※顏色參照作法
隱形磁釦 12mm 1組
※隱形磁釦說明參照P.52

原寸紙型
無

完成尺寸
寬20×長12cm

原寸刺繡圖案
P.95
下載方法參照 P.60

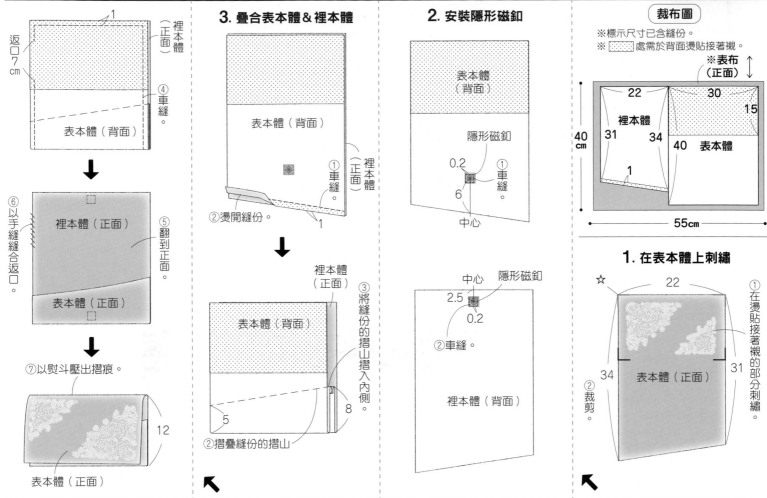

3. 疊合表本體 & 裡本體

2. 安裝隱形磁釦

裁布圖
※標示尺寸已含縫份。
※ ▨ 處需於背面燙貼接著襯。

1. 在表本體上刺繡

使用的繡線　DMC25號繡線
①■：#452 ②■：#3866 ③■：#316 ④■：#3836 ⑤■：#3835
⑥■：#453 ⑦■：#3834 ⑧■：#778 ⑨■：#3727

※（　）內的數字為繡線股數
※刺繡針法參照P.63
※完成緞面繡再進行輪廓繡

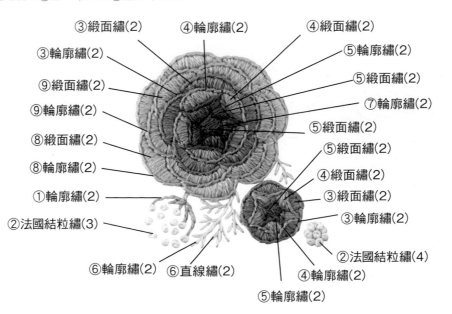

94

原寸刺繡圖案

No.
38

材料
表布（精梳細棉布）20cm×10cm 10片
配布（精梳細棉布）5cm×15cm 2片／**繩子** 寬0.3cm 長100cm
羅紋緞帶 寬2.3cm 長40cm

原寸紙型
無

完成尺寸
寬17×高25×側身4cm

作法影片
https://onl.bz/1ruXWGn

3. 完成

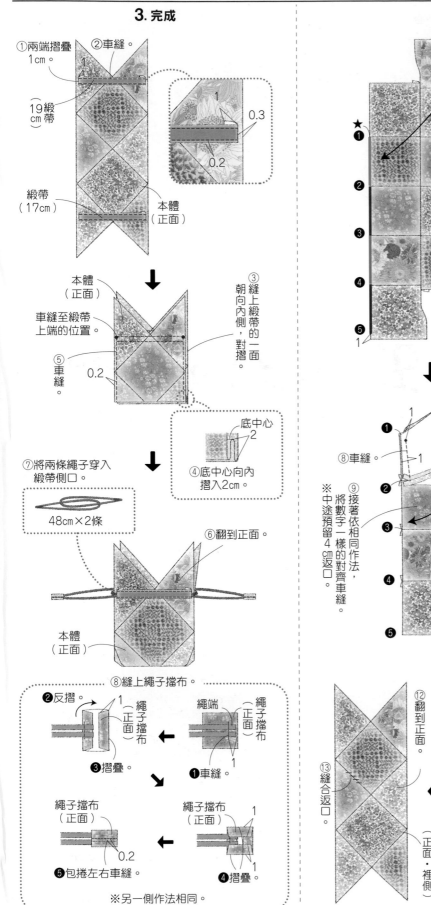

①兩端摺疊1cm。
②車縫。
0.3
0.2
19cm 緞帶
緞帶（17cm）
本體（正面）

③縫上緞帶的一面朝向內側，對摺。
本體（正面）
車縫至緞帶上端的位置。
⑤車縫。
0.2

底中心
2
④底中心向內摺入2cm。

⑦將兩條繩子穿入緞帶側口。
48cm×2條

⑥翻到正面。
本體（正面）

⑧縫上繩子擋布。
❷反摺。
繩子擋布（正面）
❸摺疊。
繩端
繩子擋布（正面）
繩子擋布（正面）
❶車縫。

繩子擋布（正面）
❺包捲左右車縫。
0.2
繩子擋布（正面）
❹摺疊。

※另一側作法相同。

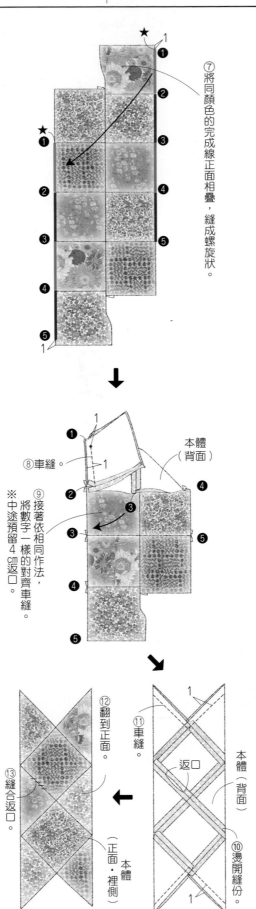

⑦將同顏色的完成線正面相疊，縫成螺旋狀。

★
①②③④⑤ 1

⑧車縫。
本體（背面）
⑨接著依相同作法，將數字一樣的對齊車縫。
※中途預留4cm返口。

⑫翻到正面。
⑬縫合返口。
⑪車縫。
返口
本體（背面）
本體（正面·裡側）
⑩燙開縫份。
（正面·裡側）本體

1. 裁布

※標示尺寸已含縫份。

配布（正面）
繩子擋布（2片）4 4
表布（正面）
本體（10片）
15 15 15
①裁剪。

2. 製作本體

①加上完成線記號。
本體（背面）
1 1 1 1
※10片都作上記號。

②車縫。
1 1 1
本體（背面） 本體（正面）
※依相同作法拼縫5片。
※製作2組。

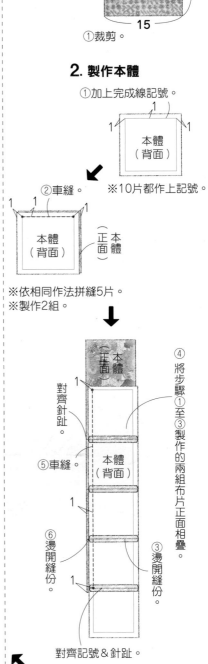

④將步驟①至③製作的兩組布片正面相疊。
③燙開縫份。
對齊針趾
本體（背面）
⑤車縫。
⑥燙開縫份。
對齊記號＆針趾。
本體（正面）

A *Mon joli nounours* —— DMC # 435

中心

（我的可愛熊）

B *Peluches lapins* —— DMC # 3341

中心

（兔子的玩具）

C *Un deux trois···* —— DMC # 21

中心

（1 2 3···）

中心

D *Le chlore, J' adore!* —— DMC # 892

（最愛爬行！）

No.01 原寸刺繡圖案

※一律為輪廓繡（參照 P.63），
　25 號繡線 3 股。

P.24_ No.16 用線

（　）內為顏色名稱・色號

❶ mimster yarn （湖面煙火）
❷ mimster yarn （杏花）
❸ mimster yarn （莫內之池）
❹ mimster yarn （春天）
❺ mimster yarn （夏天）

❻ mimster yarn （秋天）
❼ mimster yarn （冬天）
❽ mimster yarn （大波斯菊＆雨珠）
❾ mimster yarn （春天小徑）

❿ 毛海 （63）
⓫ 彩色 （302）
⓬ 懷舊粗花呢(64)
⓭ 可水洗美麗諾100並太（5 芥末黃）
⓮ 蕾絲線 （#40・黑色）

No.16 原寸刺繡圖案

※ ╋ ＝運針走線方向　　※除指定處之外，
　　　　　　　　　　　　皆以 1 股線進行織補繡。

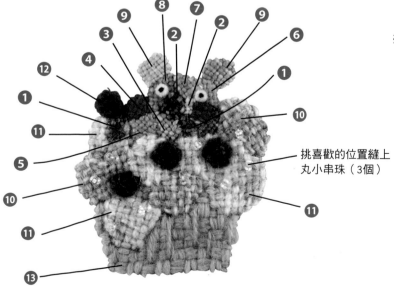

挑喜歡的位置縫上
丸小串珠（3個）

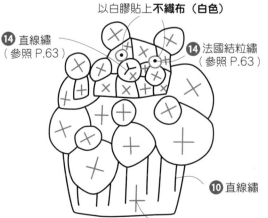

以白膠貼上**不織布**（白色）

⓮ 直線繡
（參照 P.63）

⓮ 法國結粒繡
（參照 P.63）

❿ 直線繡

以 2 股線進行織補繡

SEE YOU NEXT EDITION!

雅書堂　　　搜尋
www.elegantbooks.com.tw

Cotton friend 手作誌
Winter Edition
2023-2024 vol.63

每一次手作，都怦然心動
特蒐羊羔絨、華夫格等冬季話題布材＆人氣手作主題，讓布作更有趣！

授權	BOUTIQUE-SHA
譯者	周欣芃 · 瞿中蓮
社長	詹慶和
執行編輯	陳姿伶
編輯	劉蕙寧 · 黃璟安 · 詹凱雲
美術編輯	陳麗娜 · 周盈汝 · 韓欣恬
內頁排版	陳麗娜 · 造極彩色印刷
出版者	雅書堂文化事業有限公司
發行者	雅書堂文化事業有限公司
郵政劃撥帳號	18225950
郵政劃撥戶名	雅書堂文化事業有限公司
地址	新北市板橋區板新路 206 號 3 樓
網址	www.elegantbooks.com.tw
電子郵件	elegant.books@msa.hinet.net
電話	(02)8952-4078
傳真	(02)8952-4084

2024 年 1 月初版一刷　定價／ 420 元

COTTON FRIEND (2023-2024 Winter issue)
Copyright © BOUTIQUE-SHA 2023 Printed in Japan
All rights reserved.
Original Japanese edition published in Japan by BOUTIQUE-SHA.
Chinese (in complex character) translation rights arranged with
BOUTIQUE-SHA
through KEIO CULTURAL ENTERPRISE CO., LTD.

經銷／易可數位行銷股份有限公司
地址／新北市新店區寶橋路 235 巷 6 弄 3 號 5 樓
電話／ (02)8911-0825
傳真／ (02)8911-0801

國家圖書館出版品預行編目 (CIP) 資料

每一次手作，都怦然心動 / BOUTIQUE-SHA 授權；周欣
芃，瞿中蓮譯 . -- 初版 . -- 新北市：雅書堂文化事業有限
公司 , 2024.1
　　面；　公分 . -- (Cotton friend 手作誌；63)
ISBN 978-986-302-698-3 (平裝)

1.CST: 縫紉 2.CST: 手工藝

426.3　　　　　　　　　　　　　　　113000194

STAFF	日文原書製作團隊
編輯長	根本さやか
編集人員	渡辺千帆里　川島順子　濱口亜沙子
編輯協力	浅沼かおり
攝影	回里純子　腰塚良彦　藤田律子
造型	西森 萌
妝髮	タニジュンコ
視覺＆排版	みうらしゅう子　牧 陽子　和田充美
繪圖	並木愛　爲季法子　三島恵子　高田翔子
	諸橋雅子　星野喜久代　宮路睦子
紙型製作	山科文子
校對	澤井清絵
摹寫	榊原良一